FUNCTIONAL CORRECTOR (FC)
NACH SERGEJ KOLTSOV
- Raum für Evolution -

Cosmo Energetic School
CEM-Lehrer
KERNUNNOS

2. Auflage
April, 2012
Deutsche Erstauflage, Juni 2011

Herausgeber: Cosmo Energetic School, Germany.

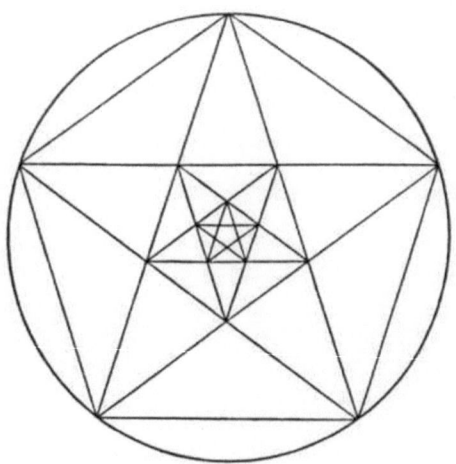

Weitere Informationen zu den Inhalten:
Cosmo Energetic School, Germany
info@holisticart.eu - **www.holisticart.eu**

Herstellung und Verlag:
Books on Demand GmbH, Norderstedt
ISBN_13: 9-783842-369702

Herausgeber
Cosmo Energetic School – 76707 Hambrücken.

FEHU
RUNE DES MATERIELLEN UND SPIRITUELLEN REICHTUMS

Das Motto von FEHU: *„Energie ist unendlich verfügbar, wenn wir sie nicht blockieren!"* Die Rune liebt das harmonische Gleichgewicht von materiellem und spirituellem Reichtum. Trifft beides aufeinander, dann entsteht kosmische Glückseeligkeit, - ein Zustand, den man sich mit Geld alleine nicht kaufen kann. Jedoch kann ausreichend Geld, Ruhe und Frieden in das Leben bringen, sowie das Erleben der initiierten Fähigkeiten ermöglichen, was wichtig ist für die individuelle Evolution.

Die Fülle des Lebens kann nur der genießen, der sich in kraftvoller Ruhe und Harmonie von seiner Lebensbewegung führen lässt. Darin liegt die Kraft FEHU'S, - den Menschen in seine Bestimmung zu bringen, um ihm dort die Reichtümer des Lebens zu öffnen. Die Energie dieser Rune zieht finanziellen Erfolg an, weil auch Geld eine Energie ist, mit der man Bewegung erzeugen kann. Es kommt jedoch sehr darauf an, wer aus der Geldenergie, welche Bewegung erzeugt. Nur wer sich in seiner kosmischen Erfüllung befindet, wird auch dauerhaft seinen Reichtum nutzen dürfen.

INHALTSVERZEICHNIS

*Alle Menschen zerfallen, wie zu allen Zeiten so
auch jetzt noch, in Sklaven und Freie;
denn wer von seinem Tag nicht zwei Drittel für
sich hat, ist ein Sklave,
er sei übrigens wer er wolle: Staatsmann,
Kaufmann, Beamter, Gelehrter.*
Friedrich Nietzsche

VORWORT

Viele Jahre hat Sergej Koltsov an der Entwicklung von Steuerungssystemen für die staatliche russische Raumfahrt-Behörde gearbeitet. Er hat mehr als 6 Jahre führend an so namhaften Raumschiffprojekten wie dem „Zenit-" oder den „Buran"-Projekt gearbeitet. Jedoch hat er unter der straff organisierten militärischen Ordnung als naturverbundener Freigeist sehr gelitten, wodurch am Ende seine Gesundheit drastisch darunter litt, - er musste sich verändern.

Um sich selbst zu heilen begann er seine umfangreichen Naturkenntnisse, die er schon bei staatlichen Projekten kultivierte, so zu verfeinern, dass daraus eine ganz besondere Form biodynamischer „Homöopathie" entstanden ist und mehr noch, - seit den 90-ger Jahren begann er eine vollkommen neue Technologie auf diesen Grundlagen zu entwickeln, welch sich danach ausrichten, den Körper nicht symptomatisch, sondern als ganzes biologisches System zu „korrigieren". An seiner eigenen Leidensgeschichte hat er erkannt, dass nicht der stoffliche Körper das Wesen des Seins ist, sondern die Energien, die ihn steuern. Harmonisiert man diese Steuerenergien zur Norm der Schöpfung dann fängt das ganze System wieder an sich selbst zu regulieren. Demnach orientiert Koltsov sich am kybernetischen Prinzip der Natur und unterstützt das, was noch funktioniert, ohne das zu bekämpfen, was offenkundig aus der Selbstregulation ausgebrochen ist und sich durch Symptome Ausdruck verleiht.

Alles was den Menschen krank macht, kommt letztendlich aus seinen Entscheidungen, was er z.B. isst oder trinkt und wie er mit seinem psychosozialem Umfeld umgeht, so dass man kurz und knackig sagen kann: Man ist das Produkt seiner Gedanken. Diese Erkenntnis ist keineswegs neu, wie nachfolgendes Zitat beweist.

Paracelsus (1493 – 1541):
Gesundheit ist eine Charaktersache. Wer krank ist muss deswegen seinen Charakter ändern. Wer seinen Charakter nicht verändert, der wird nicht gesunden können! –

Der Charakter ist nichts anderes, als die nach außen reflektierte Art des individuellen Denkens. Viele hundert Jahre hat man diesen so wichtigen Grundsatz der „Guten Gesundheit" ignoriert, bis die Quantenphysik in den letzten 10 Jahren bewiesen hat, welche Macht doch unsere Gedanken haben! – Alles schön und gut, - doch wie will man diese nutzen. Die meisten Menschen sind sich ihrer Fehler gar nicht bewusst und unter Fehler sollte man keine Wertung verstehen, sondern eine konditionierte Art des Denkens, die man als normal erachtet, weil es jeder so macht.
Wie kann auch falsch sein, was alle machen? – Die Herrscher der Gesellschaftssysteme haben ein künstliches Ordnungsfeld niederer Energien und Informationen aus Ihrer Denkkonditionierung errichtet, - ein **„Pendel"**, - ein *„mentales Perpetuum Mobile"*, das ALLE Menschen knechtet, die sich gedanklich damit auseinandersetzen; - sie nähren es mit Energie und weil ein Pendel sowohl nach rechts, als auch nach links schwingt, ist es ihm egal, ob es negative oder positive Gedanken-Energien sind, die seine Bewegung nähren, -Hauptsache die Energie der Aufmerksamkeit versorgt es mit Bewegungsenergie.

Nun, Sergej Koltsov, hilft dieses nieder schwingende Feld in seiner Qualität so zu verbessern, dass der Mensch in seinem energetischen Wesen in höhere Denkprozesse kommt, was zur Folge hat, dass er neue Resonanzbrücken zu positiven Bewegungen in seiner Umwelt errichten kann und das wirkt sich unmerklich aber nachhaltig auf nahezu alle Bereiches des Seins aus.
Alles wird immer harmonischer und man erkennt die Fehlleitung durch die Konditionierung, ohne dieser jedoch noch einen großen Wert oder eine Bewertung beizumessen, - steigt das Potenzial an Harmonie, dann entwickelt man umso weniger Resonanz zur Disharmonie, was sich auf ALLES auswirkt. Der Mensch muss verstehen, dass sich die Umwelt in der Qualität des Denkens eines jeden Einzelnen wieder spiegelt.

Mit den FC-Platten kann es nun gelingen, innerhalb der stark verunreinigten Energie- und Informationsfelder des Lebensumfeldes, wieder einen Raum der wesensgerechten Entwicklung zu errichten, - einen Raum, der das Wesen vor den permanent einschießenden

Negativinformationen, welche niedere Energie aus seinem Denken hervorbringen wollen, schützt. So wird es dem Wesen möglich, sich über die Ordnungsfelder der FC-Platten in eine höhere Ordnung des Seins einzuschwingen. Automatisch verändern sich die Wege der Energie der Aufmerksamkeit, - man ignoriert die destruktiv schwingenden Pendel (Politik, Medizin-Wesen, Magnat-Wirtschaft,...) weil die Kraft des Denkens die Möglichkeiten des Augenblicks fördern, die über kurz oder lang zu positiven Ereignissen in der Materie führen.

Es soll daher nicht in erster Linie die medizinische Indikation betrachtet werden; - diese ist doch nur die symptomatische Auswirkung niederer Gedanken-Energien, die sich ganz von alleine wieder einstellen, wenn die übergeordneten Indikatoren in eine höhere Ordnung korrigiert werden.
Vieles kann man erklären, doch wesentlich mehr kann man nicht mit rationalem Denkstrukturen erfassen, - man muss es selbst erleben. Mit diesem Arbeitsbuch möchte ich Sie motivieren, genau dies zu tun und je mehr Menschen sich überzeugen lassen, desto mehr Felder hoher Ordnung entstehen, wodurch sich harmonische Potenzialverschiebungen einstellen werden, welche automatisch alles in eine höhere, bessere und menschenfreundlichere Form des Seins bringen. Sergej Koltsov ist ein wichtiger Dreh- und Angelpunkt im laufenden Paradigmenwechsel weil er mit seiner neuen Technologie wichtige Voraussetzungen hierfür schafft. Jeder der jetzt bereit ist, sich einer geführten Bewegung anzuvertrauen, der hat jetzt die Möglichkeit dazu, was auch bedeutet, dass er sich selbst ein Umfeld der Gesundheit, Harmonie und Fülle errichten kann. Trägt man dauerhaft eine FC-Platte, so passiert alles nur noch zur Höherentwicklung des Wesens, was auch bedeutet, dass man jetzt mit allem Niederen brechen kann, wozu vor allem die sinnlichen Freunden gehören, welche an die Konditionierung binden, da sie das triebhafte Ego locken.

Daher möchte ich Ihnen allen mein Lieblingszitat mit auf den Weg geben, das sie aus den Klauen der Konditionierung befreit, wenn Sie bereit dazu sind.

*Glaubt nicht an irgendwelche Überlieferungen,
nur weil sie für lange Zeit in vielen Ländern Gültigkeit
besessen haben.
Glaubt nicht an etwas, nur weil es viele dauernd
wiederholen.
Akzeptiert nichts, nur weil es ein anderer gesagt hat,
weil es auf der Autorität eines Weisen beruht,
oder weil es in einer heiligen Schrift geschrieben steht.
Glaubt nichts, nur weil es wahrscheinlich ist.
Glaubt nicht an Einbildungen und Visionen,
die ihr für gottgegeben haltet.
Glaubt nichts, nur weil die Autorität eines Lehrers oder
Priesters dahinter steht.
Glaubt an das, was ihr durch lange Prüfung als richtig
erkannt habt, was sich mit eurem Wohlergehen und dem
anderer vereinbaren lässt.*

Gautama Buddha (563 v. Chr.)

EINLEITUNG

"Die Polarisierung des Magnetfeldes der Erde verändert sich. Diese Probleme sind durch die FC-Platten gelöst - die Polarisierung jedes Einzelnen ist jederzeit möglich" - Sergej Koltsov.

Der Mathematiker und Wissenschaftler, Sergej Koltsov, gehört zu den derzeit populärsten russischen Forschern.
Über viele Jahre war er am Bau der Raumschiffe *Buran* und *Zenit* in leitender Position tätig, bevor er sich nur noch seiner eigenen Arbeit mit den FC's – den *Functional Correctors,* hingab. Er und sein Schaffen stehen unter dem Tenor des wissenschaftlichen Druiden, welcher den Menschen nun neue Möglichkeiten aufzeigt, kohärente Biofelder und Energien aus der Natur zu nutzen.

Die physischen und psychischen Funktionen des Körpers werden so korrigiert, dass sie zum Idealzustand eines langen und glücklichen Lebens führen.

Hunderttausende von Menschen haben sich von der Richtigkeit dieser Aussage schon überzeugen können, - und es werden immer mehr, welchen den Paradigmenwechsel mit Ihrer Energie der Begeisterung immer weiter antreiben, ein Lauffeuer, was durch nichts aufgehalten werden kann. Etwas wird im Menschen entfesselt, das schon seit langer Zeit vor sich hingeschlummert hat, um sich nun auf sein Erwachen vorzubereiten. Immer mehr Geld-Energie fließt in die Innovations-Forschung ab, die Lösungen für eine angeschlagene Welt in allen Belangen kreiert. Wie in jedem kompetitiven Wettbewerb, wandern negative Potenziale zugunsten positiver ab, was im Ganzen zu positiven Veränderungen führt, an der jeder Einzelne aktiv mitarbeiten kann, der seine Energie für eine regenerative Lebensbewegungen einsetzt! In den Jahren 2010/2011 fanden in Moskau große FC-Konferenzen statt. Wissenschaftler aller Fachrichtungen, insbesondere Mediziner, berichteten von nicht erklärbaren Ordnungswirkungen, bei den von ihnen untersuchten biologischen Systemen.

Auch an der deutschen Paracelsus Schule *(Lindau)* gab es durch einen Absolventen via *Dunkelfeldmikroskopie* Untersuchungen, welche die pro-vitale Wirkung der FC-Platten im Bezug auf eine sich zur Norm regulierenden *Erythropoese*[1] bestätigen, - ja sogar pathologische Anomalien, wie die Geldrollenbildung von Erythrozyten *(z.B. bei E-Smog)*, normierten sich in nur kurzer Zeit!

Das Besondere dabei ist, dass sich die Verbesserungen ohne weiteres physiologisches Zutun eingestellt haben, - das System wird also dazu gebracht, aus dem Status Quo auszubrechen, um einer höheren Ordnung zu folgen.

Es ist das erste Mal in der Weltgeschichte, dass ein Gerät auf Körperanomalien anspricht und die Stärke des Einflusses proportional zum Grad der Anomalie zunimmt – S. Koltsov

Das bedeutet jedoch nicht, dass man die Physiologie ganz außer Acht lassen darf! – Im Gegenteil. Man tut gut daran, den hohen Ordnungsfeldern des FC auch physiologisch zu folgen. Immerhin geht es um Ihren Körper, - sowie um Ihr ganzes Wesen, das nicht nur auf den physischen Körper beschränkt ist. So liegt es an jedem einzelnen, ob er sich bewusst und gesund ernährt, ausreichend *(am besten ausschließlich)* „Gutes Wasser" trinkt oder ob er seine sinnlichen Freuden zum eigenen Nachteil kultiviert.

Der *Corrector* unterstützt die positiven Kräfte, welche sich dauerhaft, kompetitiv mit den negativen Kräften (Kohlehydrate wie z.B. Zucker, Alkohol, Drogen, Gewohnheiten[2]) duellieren. Am Ende jedoch entscheiden Sie ganz alleine welcher der Kräfte Sie folgen, - diese Entscheidung ist das sakrale Privileg des *„freien Willens"* eines

---

[1] Gesamtprozess der Bildung von Erythrozyten (rote Blutkörperchen)

[2] H. Hannes, *„Wege zur Gesundheit", BoD Verlag, Norderstedt, 2012*

jeden freien Wesens. So sollte jede Entscheidung aus Liebe und nicht durch Triebe geboren werden.

Sergej Koltsov's Felder höchster energetischer Ordnung und Reinheit sind dabei ganz besonders wichtig. Wie Siegmund Freud schon sagte, *„ist der Mensch ein Produkt seiner Umwelt."* Er kann sich nur nach den energetischen Parametern entwickeln, welche der Status Quo seines Lebensumfeldes zulässt. Alle biologischen Systeme sind dabei immer damit beschäftigt, in die höchste Ordnung dieses Status Quo's zu kommen und dort zu bleiben, was zugleich auch das zu erreichende Maximum darstellt. Die Systeme können keine höhere Ordnung als die vorhandene erreichen und so stellt sich die Frage, ob die bestehende Ordnung ausreichend ist, um den optimalen Ablauf der Systeme ohne Hilfe zu gewährleisten?

Wenn sich durch die FC-Platten eine höhere Ordnung im Lebensumfeld einstellt, dann kommt es entscheidend darauf an, in welcher Ordnung der Körper schwingt und wie viel Energie der Zelle zur Verfügung steht, damit sie sich der höheren Ordnung anpassen kann. Leider leben wir heute unbewusst mit den schleichenden Folgen einer *sub-optimalen* Ernährung. Nach mehr als 200.000 Generationen die sich aus Wildwuchs versorgten, *evolutionierten* sich weitere 200 Generationen, die sich aus kultiviertem Anbau ernährten und immer noch evolutionsfähig blieben. Nach nunmehr 5 Generationen Monokultur, steht die Menschheit nun vor einem grausamen Existenzkampf um ihre Daseinsgüter, - Güter, welche der Mensch für seine Existenz benötigt. Längst hat man sich daran gewöhnt, für das zu bezahlen, was einem das Leben schenkt. Der ganz normale Wahnsinn!

Die Ontologie des Materialismus beruhte auf der Illusion, dass man die Art der Existenz, das unmittelbar Faktische der uns umgebenden Welt, auf die Verhältnisse im atomaren Bereich extrapolieren könne. – **Werner Heisenberg**

Dirty Energy's

Damit man die Wirkweise der FC-Platten verstehen kann, möchte ich Ihnen einen Versuch vorstellen, den Prof. Dr. Joie Jones *(Teilchenphysik)*, der an der University of California *(Irwine/USA)* im Jahr 2000 durchführte[3]. Er wollte als Erster die PRANA-Heilenergien wissenschaftlich nachweisen, doch es kam etwas ganz anderes dabei heraus, was jedoch in seiner gesamten Tragweite sogar noch wichtiger war, als der bloße Nachweis bioaktiver Felder, welche durch Mental-Konzentration ausgelöst wurden, was übrigens jeder kann, wenn er in und um sich eine entsprechend hohe Ordnung erschaffen kann!

Nun aber zu dem Versuch. Jones engagierte 10 PRANA-Heiler für dieses Experiment. Er beschoss in seinem Labor lebende Zellkulturen mit Gamma-Strahlung, - die PRANA-Heiler sollten nun verhindern, dass die schädliche Strahlung die Zellen töten würde.
Der erste Versuch lief an, und 100% der Zellen überlebten die Bestrahlung nicht! – Ein paar mal wurde der Versuch noch mit denselben Versuchsparametern wiederholt, - stets mit demselben negativen Ergebnis. Nach einigen Überlegungen kam man überein, dass 3 der PRANA-Heiler zu ihm nach Kalifornien kamen, um das Versuchs-Labor energetisch zu reinigen. Drei Monate benötigten die PRANA-Heiler hierfür. Dann führte man das Experiment erneut aus und bereits beim ersten Versuch überlebten 73% der Zellen.
Fünf Jahre später hat *Marina Zaporozhets*, eine russische Teilchenphysikerin und *Cosmo Energetic* Großmeisterin, Energiesignaturen durch Mentalkonzentration entwickelt, welche die Arbeit von 3 PRANA-Heilern über 3 Monate in nur wenigen Sekunden vollbrachten. Ihre Signaturen wurden auf Minerale aufgebracht und in einer Flüssigkeit aufgelöst. Das bloße Versprühen dieser Flüssigkeit

---

[3] **Abstracts: JOIE P. JONES** Professor of Radiology, University of California, Irvine **& D. P. O'Hara & K. Elrod**, University of California, Irvine **Quantitative Evaluation of Pranic Healing Using Radiation of Cells in Culture**

konnte nun einen Raum von mehreren Quadratmetern energetisch völlig bereinigen und so für die Heilung vorbereiten.

Marina arbeitet derzeit mit Sergej Koltsov zusammen. Sie ist maßgeblich an der *„Programmierung"* der *„fliedernen"* Platten beteiligt, welche neben den biologischen Erd-Feldern nun auch noch *Cosmo Energetic Signaturen* enthalten, über die ich im Anhang noch ausführlich schreiben werde. Da Marina Energie, bzw. deren Verläufe sehen kann, dient sie Koltsov bei seinen Versuchen als Navigator durch das energetische *Terra Inkognito*. So entstanden u.a. auch die Platten gegen radioaktive Verstrahlung. Zudem enthält jede violette Platte *Cosmo Energetic* Schutzfelder, damit sich das Wesen geordnet aus höheren Welten in die Materie entwickeln kann.

Jones wiederholte den Versuch im Jahr 2005 mit Dr. Yury Kronn und *Marinas* Energiesignaturen. In nur einer Sekunde des Versprühens eines informierten Quantensprays konnte der Raum derart gereinigt werden, dass auf Anhieb 82% der Zellen überlebten. Soweit zur Wirksamkeit von *Cosmo Energetic* Signaturen. Doch der Tenor des Versuches liegt wo anders. Prof. Jones hat erstmalig nachgewiesen, dass sog. *„Dirty-Energy's"* Heilung unmöglich machen!
Lebt man in einem Raum verdichteter, negativer Energiefelder, dann ist dies dort die höchste Ordnung, welcher die Systeme des Organismus folgen können. Jones hat bewiesen, dass Heilung daher erst möglich ist, wenn die energetische, Biosphäre auf allen Ebenen gereinigt wurde, - der Mensch also die Voraussetzung erschafft, dass er von regenerativer Lichtenergie durchströmt werden kann.

Pathogene Felder verdichten sich um das Wesen und leiten den Lichtstrom weg von ihm. Erst nachdem die Biosphäre energetisch gereinigt wurde, können sich hohe Ordnungsstrukturen aktivieren, welche mit dem Lichtstrom des Lebens das Wesen durchströmen. Mit diesem Prinzip kann man nicht nur den Körper gesunden, sondern z.B. auch Strom sparen, wie das *FOSTAC* System zeigt.

Sergej Koltsov's FC's gehen aber noch viel weiter, als *FOSTAC* und ähnliche Geräte, die man für eine Erhöhung der energetischen

Ordnung der Biosphäre verwendet. Sie haben nämlich alle eines gemeinsam: Sie schwingen auf einer alten Erdfrequenz und sie sind starr justiert.

Koltsov setzt konsequent *Viktor Schaubergers* Grundlagenforschungen im Bezug auf die Bewegungsenergie biologischer Systeme um. Durch mathematische Berechnungen errechnet er Bezugsgrößen für die Separation biologischer Energiesysteme. Nach der Teilung eines Systems werden die beiden Hälften wieder zusammengefügt, jedoch um 180° versetzt, wodurch ein Dipolmoment entsteht, welcher ein skalares Feld erzeugt.

Schaubergers Naturbeobachtungen werden nun mit altem Druidenwissen ergänzt, da es einen Unterschied macht, ob man z.B. die Jahresringe *(Energiesysteme an denen eine spezifische Energie verläuft)* in den Hölzern einer Linde zum Interagieren bringt, oder aber diesen Effekt aus dem Holz einer Eiche oder Buche hervorruft. Druiden und Schamanen können die Signaturen von Pflanzenwesen *sehen*, weswegen sie es vermögen, diese zur Regulation eines Potenzial-Austausches zu verwenden.

Weil Koltsov also freie Natur-Energiequellen nutzt, passen die FC's sich und den Träger, persistent *(dauerhaft)* den Frequenzänderungen des Erdmagnetfeldes an, wodurch sich der Organismus in einem hohen Maß selbst regulieren kann. Wie gut das Maß der Selbstregulation am Ende jedoch ist, das hängt vom physiologischen Status Quo ab. Auf diesen wollen wir noch etwas später eingehen. Betrachten wir uns den Aufbau und die Funktionsweise des *Functional State Correctors* von Koltsov.

Das Wirken der Natur zu erkennen, und zu erkennen, in welcher Beziehung das menschliche Wirken dazu stehen muss: das ist das Ziel. - Dschuang Dsi

Das „*weltweit erste Gerät seiner Art*"
Internationale Akademie für
Energieinformationswissenschaften.

Der FC hat nichts mit Esoterik zu tun. Die Wirkung liegt außerhalb des *Glaubenmüssens*, da es sich um Naturgesetze handelt, die mit heutigen Mitteln noch nicht empirisch nachgewiesen werden können. Man kann aber „*Vorher-Nachher-Vergleich*" bestimmen! In Russland ist der **FC** ein zugelassenes medizinisches Gerät, das vom Gesundheitsministerium zur Verwendung empfohlen wird und von der *Internationalen Akademie der Energieinformationswissenschaften* als *Gerät Nr. 00001* am 07.05.2008 registriert wurde.

Der FC ist somit nach wissenschaftlichem Standard das erste und bisher einzige Gerät dieser Art, das biologisch aktive Felder und Schwingungen zur Unterstützung der pro-vitalen Bioenergetik im Organismus erzeugen kann. Die FC's stimmen die Potenziale der beiden Gehirnhälften aufeinander ab, wodurch Harmonie in allen dualen Systemen *(Sympathikus/Parasympathikus, Denken/Denkruhe, Oxidation/Reduktion,...)* des Organismus entstehen kann.
Sie normalisieren den Biorhythmus, regulieren die Tätigkeit des Herz-Kreislauf-, Nerven-, Hormon-, Immun-, Verdauungs- und Ausscheidungssystems.

FC's haben in Russland auch alle notwendigen medizinischen Zertifikate, - das *Know-How* wurde mit 3 Patenten geschützt und bereits mehrfach ausgezeichnet.
In der FC-Platte selbst finden sich drei unterschiedliche Technologien, die synergetisch miteinander kombiniert wurden, wodurch die Platten auf drei unterschiedlichen physikalischen Ebenen wirken. Um eine mehrschichtige und systemübergreifende Wirkungen zu erzielen, entstehen die Felder und Impulse aus einer holographischen Struktur, die durch ein Magnetfeld innerhalb der FC-Platten begrenzt wird.

In Deutschland ist nicht geplant eine Zulassung zum Medizingerät zu beantragen. Warum auch? – Im Laufe seiner gesamten Forschung traten nicht ein einziges Mal negative Effekte auf und auch die *„Heilkrisen"* sind deutlich unter dem Niveau von Heilkrisen durch physiologische oder homöopathische Interventionen. Somit ist die wichtigste Voraussetzung erfüllt: **Der FC kann nicht schaden!**

Inwiefern eine Heilung angeregt wird, sollte nicht primär von Belang sein, da man das Gerät sonst nicht verstanden hat. Es ist ein energetisches *Wellnessgerät*, das den Träger in ein Feld höchster Ordnung einbindet, wodurch sich alles selbst reguliert, was der Regulation bedarf, - und das ist bei jedem etwas anderes. Wozu also Standards schaffen, die nur begrenzen, um keine freie Entwicklung zu zulassen. Wer also so etwas wie Heilung erfährt, der ist selbst schuld.

Der Aufbau des Gerätes stellt sich wie folgt dar:

Das Gehäuse ist aus einem antiallergenen Kunststoff *(55 x 78 mm)*. Die Materialien die verwendet werden sind selbsterklärend frei von Schadstoffen für den Organismus und so gewählt, dass sie die Wirkung der skalaren Felder nicht stören.
Im Gehäuseinneren befinden sich zwei Platten aus magnetischem Kunststoff. Jeweils in den Ecken, zwischen den Platten, sind vier Magnetgummis *(14 x 19,5 mm)* angebracht. In diesen Geräten wirkt die kumulierte Schwingung von vier Magnetpolen, welche ungleichpolig zusammengelegt wurden, so dass sich daraus skalare Felder bilden.

Beide Flächen und auch die Ränder der Platte, sind daher funktionell gleichwertig. In diese Felder werden nun die kohärenten DNA-Signaturen von Urlebewesen und Pflanzen, aber auch von Mineralen und Wasserstrukturen eingetragen, welche als Informationsmatrix auf die biologischen Signale des Organismus wirken. Richtiger müsste man eigentlich sagen, dass Sie ein Feld höchster, regenerativer Ordnung erstellen, was den Organismus dazu animiert, sich auf die hohe Ordnungsstruktur aufzuschwingen. Alles im Universum folgt zwanghaft immer der höchsten Ordnung!

Trotz aller positiven Aspekte des FC's, gilt es dennoch ein paar Dinge zu beachten, - insbesondere, wenn man die FC's aus einer Therapie jegwelcher Form anwenden möchte. Die Schutzhüllen der FC's können den inneren Platten nur bedingt Schutz bieten. Daher sollte man den FC nicht hohen Temperaturen aussetzen *(max. 90° Celsius)*. Also bitte nicht in den Wasserkocher oder die Waschmaschine legen und schon gar nicht in die Mikrowelle oder Ofen.

Bitte gehen Sie bedacht und behutsam mit dem Gerät um und schützen Sie es vor mechanischen und chemischen Einwirkungen. Die Hüllen um die Platten sind nicht wasserdicht. Tritt Wasser in die Hüllen ein, so kann sich das Harz der inneren Platte lösen und sie fällt auseinander. Die Wirksamkeit ist dann vielleicht nur noch suboptimal. Also, - bitte nicht ins Wasser legen!
Die FC's sind sehr stabil gegen äußere elektromagnetische Störimpulse und behalten ihre Ordnungsstrukturen sogar noch in starken, gepulsten Feldern *(auch Hochfrequenz)* stabil bei.
Problematisch könnte es jedoch werden, wenn man die Platte bei Röntgen- oder CT-Untersuchungen bei sich trägt, da sie die Ergebnisse beeinträchtigen kann. Sie macht dabei ja eigentlich nur ihren Job und lässt keine schädlichen Energien auf den Körper zu!

Auch bei Frauen, welche die „Pille" zur Verhütung einnehmen ist die FC-Platte mit Vorsicht zu verwenden.

Sie unterstützt lebensbejahende Prozesse, die Pille hingegen verhindert die Entstehung von Leben! Dieser Hinweis ist jedoch eher präventiv, da hier noch keine Vorkommnisse vorliegen.

Bei bevorstehenden Operationen mit Anästhesie sollte man ca. eine Woche vor der OP oder Zahnbehandlungen die FC`s nicht mehr verwenden, da sie die Wirkung des Anästhetikums neutralisieren oder beeinträchtigen können. Danach jedoch ist das Tragen der Platte angeraten, um all die Gifte aus dem Körper zu bekommen und die Regenration zu fördern. Dazu bitte viel geladenes Wasser trinken!

Bitte bedenken Sie, dass der FC nicht nur die Ordnung ihrer Biosphäre erhöht, - seien Sie sich bewusst, dass sich das auch auf ihren Körper und Ihren Geist auswirkt und versuchen Sie, die Prozesse, die sich immer mehr zur Schöpfungs-Norm korrigieren, bewusst zu beobachten. Damit wird der FC gleichzeitig zum Lehrer der bewussten Aufmerksamkeit, insbesondere auf die inneren Abläufe, die oftmals außerhalb der Achtsamkeit aus Reihe tanzen. Besser wie jede Quantenheilung, da Sie in die Felder der FC's nur noch konzentrierte Gedanken pulsen müssen, um Effekte in der Materie zu bewirken. Auch wenn der FC nicht auf Mentalsteuerung in seinem Wirken angewiesen ist, so kann ein konzentrierter Gedanke, die Effekte der spezifischen Wirkungen um ein Vielfaches erhöhen. Man darf nicht vergessen, dass auch die FC-Platten lediglich ein Produkt eines Gedankens sind! – Die schöpferische Kraft ist alleine beim Gedanken.

In einer höheren energetischen Ordnung findet sich immer weniger Platz für niederes Gedankengut. Auch das passiert von alleine, weswegen es eine Zielsetzung sein sollte, soviel FC's wie nur möglich in Umlauf zu bringen, damit diese breitflächig eine energetische Matrix höchster Ordnung erschaffen, aus welcher wir ebenfalls höhere Lösungen für alle Probleme erhalten, gegen die man nun langsam angehen sollte. Das Wirkumfeld eines FC wird von Sergej Koltsov auf 150 m geschätzt. In diesem Bereich konnte er durch Messungen feststellen, dass sich geopathogene Strukturen, beispielsweise die eines Hartmann-Gitters, auflösen.

150 m sind viel aus der Sicht des Einzelnen, im Vergleich zur Fläche der BRD ist das aber nur ein ätherisches Ausmaß. Dennoch: Jede einzelne Platte hilft den Menschen und der Erde, in eine höhere Ordnung zu kommen, um die Basis für die individuelle, sowie die globale Evolution zu bereiten. Bitte beachten: Es gibt Unterschiede, ob Sie die Platte direkt auf ein Zielobjekt halten, oder ob Sie die Platte weitläufig gestreut wirken lassen. Im Bereich von 0 bis 5 cm ist die Energiekonzentration des FC am größten, darüber hinaus beginnt sie zu streuen. Bei Heilanwendungen sollten die Platten daher am besten direkt auf die nackte Haut aufgelegt werden.

Die Haltbarkeit der FC liegt bei etwa 30 Jahren, wobei dies auf Näherungsberechnungen *(Approximation)* basiert. Der älteste FC der Welt ist etwa 10 Jahre alt und hat bisher noch nichts von seiner Wirkung eingebüßt. Die auf den russischen Beilagen angegebenen 2 Jahre, haben daher wohl eher eine bürokratietechnische Bedeutung, als dass sie über die Lebensdauer des Skalarsystems Auskunft geben würden.
Man sollte auch für einen effizienten Erfolg beachten, dass es wichtig ist, sich hochwertig zu ernähren und vor allem, - viel Wasser trinken, das mit den FC's strukturiert wurde. Der FC braucht keine Physiologie. Die physiologisch autarke Wirkung tritt erst ab den Zeitpunkt ein, wenn ein System in seine Selbstregulation oder Grundordnung gelangt ist. Erst dann können „Reparatur-Energien" sich zu „Regenerations-Energien" wandeln und den Organismus in die ewige Jugend führen. Die ewige Jugend entsteht dabei immer dann, wenn der Geist an Klarheit zunimmt und von seinen egoinitiierten Selbstsabotagen ablassen kann. Das Mittel hierzu heißt Meditation und auch hier begleiten die FC-Platten den Geist mit ihren hohen Ordnungsfeldern in die Stille des Denkens.

Die Vorstellungskraft hat keinen Platz in der Meditation. Sie muss vollkommen beiseite bleiben, denn ein Geist, der sich seiner Einbildungskraft bedient, kann nur Selbsttäuschungen hervorbringen. Der Geist muss klar und ohne Bewegung sein. Im Licht dieser Klarheit offenbart sich das Zeitlose. - **Jiddu Krishnamurti**

Was der FC alles kann

FC bedeutet, die Korrektur des funktionellen Zustandes eines Systems, worunter man den klinischen Körperzustand, sowie seinen psychoemotionalen Hintergrund versteht *(Psychosomatik)*.

Studien an der *Akademie der Wissenschaften* in Russland aus dem Bereich der Neurophysiologie beweisen, dass ein einziger Impuls aus der Neuroplastizität des Gehirns ausreicht, um beispielsweise ein degeneriertes Organ sofort wieder gesunden zu lassen[4].

Ein kausaler Mechanismus der Spontanheilung tritt nun ans Tageslicht, der zuvor schon auf einer tieferen Ebene, über die Stammzellforschung um *Prof. Dr. Dr. Bader* sein Gesicht zu erkennen gab. Mit einer Fibrin-Paste, in der Stammzellen und Immunfaktoren sowie Steuersignale kombiniert werden, ist es heute schon möglich, auch große Gewebeflächen in nur sehr kurzer Zeit zur totalen Ausheilung, bzw. Wiedererneuerung zu bringen.

Doch nun haben die Russen den kausalen neuronalen Weg entdeckt, welcher auch die Genexpression *(Protein und Zellbildung aus der Proteinbiosynthese)* initiiert und steuert. Koltsov hingegen ist einen Schritt weiter, denn er hat bereits die Technologie entwickelt, die es ermöglicht, das Gehirn auf den Pfad der Heilung zu bringen, oder anders gesagt, - die FC's öffnen die Tore für den neuronalen Impuls der Heilung! – Was nun noch fehlt ist der skalare Impuls, den jeder Mensch durch Mentalkonzentration selbst erzeugen könnte!

Der funktionelle Zustand des Körpers sagt uns lediglich, wie sehr die Hauptsysteme unter der rationalen Lebensführung ihre Funktion noch erfüllen *(Homöostase)* können.

---

[4] A.A. Rybchenko, G.A. Schabanov, Y.A. Lebedev, A.L. Maksimov: DIAGNOSTIK UND KORREKTUR DER AUSGEPRÄGTEN FUNKTIONSSTÖRUNGEN DER INNEREN ORGANE DES MENSCHEN AUF DER GRUNDLAGE DER ANALYSE DER RHYTHMISCHEN AKTIVITÄT DES GEHIRNS, - [MNITS] „Arktis" von DVO RAN (russische Akademie der Wissenschaft), Vladivostok – Magadan, Russland

Arbeitet nur ein einziges System nicht optimal, dann entsteht daraus eine Dissonanz, die sich auf alle angegliederten funktionellen Abläufe auswirkt.

Legt man den FC am Körper an, dann erkennt das Gerät selbst die Potenzialschwankungen des Körpers, indem es laufend versucht das System mit seiner Ordnungsschwingung zu synchronisieren wodurch sich alle Dissonanzen zu regulieren.
Im Falle einer Abweichung von der Norm des Systems, wird es automatisch reguliert, indem es einen biologisch aktiven elektromagnetischen Impuls aussendet, wodurch der Organismus wieder in seine Balance gebracht wird. – Ein *biodynamischer Gleichrichter* zur Aufrechterhaltung der evolutionären Ordnung.
Auf diese Weise *korrigiert* die FC-Platte via Resonanzanpassung alle Funktionsstörungen im inneren Körpersystem, wobei auch Organe, wie Herz, Lunge, Magen, Darm, Nieren, Pankreas, Gehirn, Leber, sowie sämtliche Gewebe und Flüssigkeiten involviert werden.

Diese Korrektur basiert auf dem homöopathischen *Simile*-Prinzip, und wird von einer Vielzahl von Heilpflanzen initiiert, weswegen man den FC durchaus als ein Hilfsmittel der biophysikalischer Homöopathie bezeichnen kann, der jedoch zu einer ganz neuen Generation von Bioresonanz-Geräten gehört. Er ist ein selbstregulativer Biofeldgenerator, der von einem Signal des Körpers aktiviert wird und nur die beste Möglichkeit in ihrer höchsten verfügbaren Ordnung zulässt!

Das *FC-Regulations-System* aktiviert sich autoregulativ immer dann, wenn ein System erhöhte Entropie *(Lebensenergieverlust)* in Folge einer verminderten Ordnung aufweist.
Dies machen die FC's solange, wie man sich in ihrem Umfeld bewegt, jedoch umso intensiver, wenn man sie an sich trägt. Es geht dabei um die Regulation des Ätherkörpers, auf dem sich die Chakren, Meridiane und Akupunkturpunkte befinden. Eine Kirlian Fotografie verdeutlicht, wie ein Körper energetisch in der Degeneration, und wie er in der Regeneration aussieht. Das folgende Kirlian Bild zeigt die Korona des Energiekörpers.

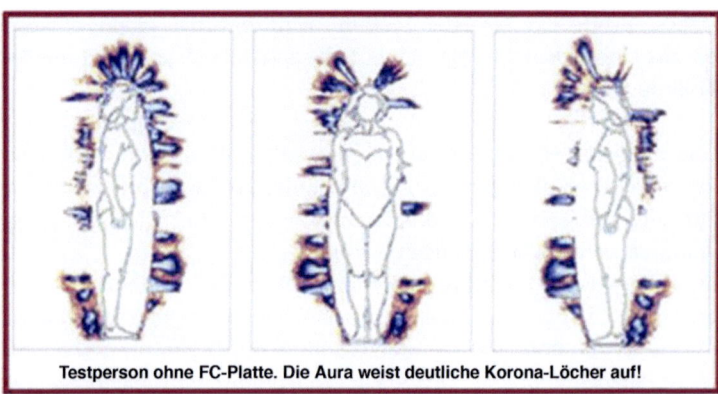

Testperson ohne FC-Platte. Die Aura weist deutliche Korona-Löcher auf!

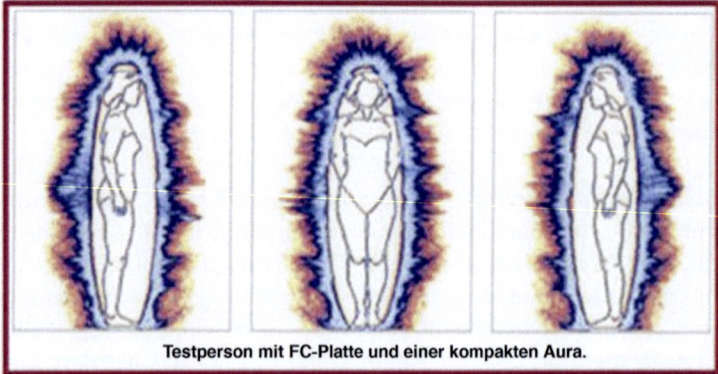

Testperson mit FC-Platte und einer kompakten Aura.

Quelle: Centr Region, Moskau.

Ein anderes Attribut der FC's ist ihre Wirkung die Strukturen wässriger Medien. Das Wasser wird in eine hoch kohärent strukturierte, bioaktive Flüssigkeit gewandelt, welche die Regeneration eines jeden biologischen Systems anregt: Menschen, Tiere, Fische, Pflanzen, und am Ende auf alle biologisch aktiven Systeme der Biosphäre. Wenn dieses Wasser getrunken wird, dann erreicht der Körper den Bereich seiner höchst möglichen Regulations-Kapazität, weswegen vor allem das Wassertrinken *(stilles Wasser)* an erster Stelle im Umgang mit den FC-Platten steht. Im Wasser finden nahezu alle Prozesse des Lebens statt, - ist es da nicht folgerichtig, dass eine Veränderung der Strukturen des Wassers, auch auf die Qualität der biologischen Vorgänge wirkt? –

Welche Prozesse können wohl in einem Wasser stattfinden, welches durchsetzt ist von Strukturen der Angst, sowie all ihrer Ausdrücke? – Welche Saat kann auf einem Nährboden gedeihen, der vergiftet ist? - Hierzu darf ich Emotos Grundlagenforschung der Wasserkristallanalyse heranziehen, worin er nachweist, dass Veränderungen in der Umwelt die Wasserstrukturen verändern. Wasser ist ein anorganischer Stoff und hat keine eigene Frequenz, weswegen es nur in den Frequenzmustern schwingt, die von außen eindringen. Dadurch kann Wasser alle lebenden Prozesse den äußeren Bedingungen anpassen und ist aus genau diesem Grund als eine Evolutionsmatrix zu verstehen.

Schlechte Wasserstrukturen entstehen aber nicht nur durch schlechte Gedanken. Auch wenn Gifte und anderer Unrat in das Wasser der Erde abgeführt werden, tragen diese dazu bei, dass sich auch die Strukturen des Wassers im Menschen sowie in allen biologischen Systemen degenerativ verändern.
Wasser ist ein kollektiver Quantenraum der Evolution, der sich durch die Quantenverschränkung *(quantenphysikalisches Phänomen der Nicht-Lokalität)* auf ALLES auswirkt.

Mit den FC's hat man nun die Möglichkeit, die negativen Wasserstrukturen in ihrer Ordnung durch kompetitive Potenzial-Umverteilungen wieder zu erneuern, lokal aber auch global. Da das Gehirn und das Blut zu etwa 90% aus Wasser bestehen, - die Zelle zu etwa 70 – 80%, - wirken sich strukturelle Veränderungen im Wasser natürlich hauptsächlich auch dort aus; - also in der Kultur des Denkens und in der Qualität der Lebenssäfte *(Blut, Lymphe, Elektrolyt, Galle,..).*

Ein ganz anderes Problem, das durch alle FC's gelöst wird, sind die schädlichen Auswirkungen von E-Smog und geopathogenen Störungen. Wir leben in einer bewegten Welt, die fast ausschließlich von *zentrifugalen*, also explosiven Yang-Energien angetrieben wird.
Diese Form der Energie ist im natürlichen Natursystem nur sehr schwach ausgeprägt, wie z.B. beim hochexplosiven Prozess der Photosynthese, weil die Stoss- und Druckwellen von zentrifugaler Energie, gegen die Erdbewegung gerichtet sind.

Nahezu alle biologischen Systeme nutzen die *zentripetale*, also kalte, implosive Energie, ohne Druck- und Stosswellen.
Man darf sich daher nicht wundern, wenn die kumulierte Summe aller naturwidrigen Energien, der harmonischen Aufrechterhaltung von biologischen Systemen entgegensteht.
Soziopathogene Energien, sowie die biologisch aktiven Störfrequenzen von Handys, *HAARP*, TV, Computer, Haushaltsgeräte oder geopathogener Zonen, neben solarer-, bzw. intergalaktischer Strahlung, führen heute zu massiven Ausbrüchen aus der Grundordnung aller biologisch aktiven Systeme, was deren langsamen Zusammenbruch bedeutet.

Dieser energetische Schutz ist eine effektive Prävention gegen kausale Ursachen künftiger symptomatischer Erkrankungen, wodurch sie einen unschätzbaren Beitrag zur Regeneration biologisch aktiver Systeme leisten.
In den FC's sind harmonische, visuelle Informationen *(z.B. Geometrien)* in den Rhythmen des Erdmagnetfeldes und der Weltraum-Strahlung aufgeprägt. In Folge dessen ist der FC ein Gerät zur Synchronisation von inneren Körperrhythmen und den Rhythmen des äußeren Umfeldes. Im FC sind auch Informationen aufgezeichnet, die äußeren psychoenergetischen Einflüssen entgegenwirken und die biopathogene Felder neutralisieren, und somit die Frequenzen z.B. des Hartmann-Gitters *(Störfelder durch Kraftlinien des energetisch-elektrischen Feldes der Erdoberfläche)* korrigieren.
Dadurch werden die äußeren elektromagnetischen bzw. die diversen pathogenen Felder nicht blockiert, sondern in ein regeneratives, pro-vitales Energie-Potenzial umgewandelt.
Dieses Prinzip ist aus der Homöopathie hinreichend bekannt:

Das, was einen krank macht, wird ihn auch heilen.

Diese Wirkung stellt sich automatisch ein, gemäß der Umwelt- und Umgebungsveränderungen, ohne dass der Träger der FC-Platte an diesem Prozess aktiv mitarbeiten müsste, - es passiert aus dem kosmischen Reflex heraus, sich dauerhaft an die höchste Ordnung anzupassen.

Die FC Platten erstellen ein Schutzfeld, innerhalb dessen sich die Evolution *(wieder)* vollziehen kann!

Vielleicht fragen Sie sich, woran wir eigentlich angepasst werden sollen? – Wo ist die Grundordnung, welche die Materie organisiert? – Die Antwort darauf ist ganz einfach: Es ist die Sonne. Aus ihrer Energie und Substanz entsteht und reorganisiert sich das gesamte planetare Sonnensystem, sowie alles Leben darauf.
Der Mensch ist daher im Grunde nichts anderes, als organisierte Sonnen- *(Wasserstoff)* und Erdsubstanz *(Kohlenstoff)*. Die Organisationsenergie der kondensierten Sonnematerie fällt dabei den terrestrischen 4-Elementen zu. Die Information in der Organisationsstruktur kommen aus der Sonne, über ihre Lichtquanten, die Photonen *(Träger des Lichts)*. Die Sonne ist das *5. Element*, das sich aus den vier synchronisierten Erdelementen ergibt. Sie ist das Kausalsystem, was bedeutet, dass sich Veränderungen der Sonnen-Substanz und -Energie immer auch auf die einzelnen Erdelemente auswirken und damit auch auf den Menschen, sowie auf alle biologischen Systeme der Erde.

Jede Sekunde setzt die Sonne mehr Energie frei, als die Erde seit ihrem Bestehen hätte erzeugen können. Große Sonnenmassen werden dabei freigesetzt, so dass die Sonne kontinuierlich an Masse abnimmt, was sich natürlich auch auf die solare Energie und Substanz auswirkt. So kann sich z.b. der Spin der Sonnen-Elektronen verändern, was zur Folge hätte, dass sich dieser Veränderung alle untergeordneten biologischen Systeme anpassen müssten. Ist ein System zu dieser Anpassung nicht fähig, so fällt es dem kosmo-evolutionären Ausleseverfahren zum Opfer und hört einfach auf zu existieren. Deshalb ist Gesundheit die Fähigkeit des physischen Körpers, an der Evolution teilzunehmen, wobei Evolution die Fähigkeit biologischer Systeme bedeutet, sich den solaren Veränderungen anzupassen, - sich von der Sonne transformieren zu lassen, wozu der Organismus in seiner Selbstregulation sein muss!

Die Anpassung des menschlichen Organismus an die kosmische Evolution erfolgt über zwei Faktoren: Licht und Magnetismus.

Beides verändert sich sehr stark, wenn die Sonne ihre Aktivitäten über eine längere Zeitperiode permanent steigert, wie das seit den 60-er Jahren der Fall ist. Nach den Veröffentlichungen des Biophysikers *Dieter Broers*, hat das Erdmagnetfeld infolge eines anstehenden Polsprungs so stark abgenommen, dass es kurz vor dem totalen Zusammenbruch steht. Umso wichtiger ist es daher, sich in kosmoevolutionär anpassunfähigen Feldern zu bewegen, was bisher nur mit den FC's von Sergej Koltsov möglich ist.

Alle energetischen Geräte, welche sich nicht persistent an die sich verändernden Erdfrequenzen anpassen können, arbeiten daher nur sub-optimal oder sind völlig wirkungslos.

Man kann das Phänomen in der Homöopathie beobachten. Immer öfters werden Hochpotenzen angewendet, weil die niedern Poten-zen nicht mehr anschlagen. Stellt man die Homöopathikas auf eine FC-Platte, dann erhält man wieder die ursprüngliche Wirkung. Hier spreche ich nicht nur aus eigenen Erfahrungen, - viele Heilpraktiker und Ärzte welche mit Homöopathie arbeiten, haben es mir schon mehrmals bestätigt und was auf die Homöopathie zutrifft, das gilt auch für Nahrungsergänzungen, Lebens- oder Körperpflegemittel.

Mit den FC Platten bringt man alles in die aktuelle Erdfrequenz, wodurch im System bei der „*Verdauung"* weniger Nebenprodukte abfallen. Dasselbe Prinzip kann man bei der Platte Nr. 1 und Nr. 5 im Bezug auf Benzinersparnis und bessere Motorleistung durch sauberere Verbrennung beobachten. Dadurch lassen sich, je nach Qualität der Motortechnik zwischen 10 und 20% Benzin einsparen!

Man legt einfach die FC-Platte während des Tankens auf den Zapfhahn und das Benzin, das durch die FC-Felder fließt strukturiert sich in seine höchste Ordnung.

Es wird empfohlen, die FC-Platte beim Tanken in eine Tüte oder ein Tuch einzuwickeln damit diese nicht verunreinigt wird. Aus bisher ungeklärter Ursache, trifft die Benzinersparnis aber nicht auf Diesel betriebene Fahrzeuge zu!?

Neben vielen wunderbaren Erfahrungen mit den FC-Platten, wird man aber auch die Erfahrung machen, dass manche Dinge vorerst ein Rätsel bleiben werden. So erging es mir, als ich die Platten getestet habe. Das Frühjahr kam und ich musste mich auf den ersten Grasschnitt vorbereiten. Man muss wissen, dass ich zwei linke Hände für technische und praktische Dinge habe und so stand bei mir der Kampf mit dem inzwischen 15 Jahre alten Rasenmäher an. Es ist ein Benzinrasenmäher, der Luftfilter war seit 3 Jahren nicht gewechselt und wenn ich ihn nach der Winterpause starten wollte, so kostete mich das mehr Zeit, als das Mähen selbst. Auch 2011 musste ich wie ein Berserker die Startspule ziehen und mein Rasenmäher machte keine Anstalten aufzuwachen. Nach 15 Minuten hatte ich keine Lust mehr und erinnerte mich, dass ich die FC-1 Platte in der Gesäßtasche trug. Ich nahm sie, legte sie auf den Motor und erholte mich erst einmal ein paar Minuten. Dann versuchte ich mein Glück erneut und mein Rasenmäher erwachte beim ersten Versuch. Normalerweise benötige ich für den Erstschnitt der Saison 1 ½ Tankfüllungen. Dieses Mal jedoch nicht, - es blieb gut ¼ im Tank übrig!

An dieser Stelle möchte ich Ihnen einen kurzen Überblick über Erfahrungsberichte zur physiologischen Auswirkung der Energiefelder der FC-Platten geben. Diese Daten stammen aus Forschungen russischer Wissenschaftler und Mediziner, aber auch von ganz normalen Menschen, die in Aufsätzen über ihre Regeneration berichten.

Zugrunde liegt immer das Thema einer FC-Platte, wie z.B. FC-1 (*antiparasitär*). Auf dieser Platte sind also vorwiegend bio-aktive Felder enthalten, welche einen Schutz für Mensch und Tier bieten, vor allen niedrig schwingenden Arten von Parasiten wie Viren, Bakterien, Würmern, Pilzen oder Einzellern einer pathogenen Mikroflora, zur anschließenden Regeneration und Wiederherstellung einer regenerativen Mikroflora des Organismus. Fast alle Menschen beginnen mit dieser Basis-Platte und von allen kann man hören, wie sich über einen Zeitraum von 2 – 3 Wochen das Umfeld von parasitären Energie-Systemen abkoppelt. Oft passiert dies ohne dass man es richtig bemerkt. So normalisiert sich die Darmflora, die Galle regeneriert sich, was man an der Farbe und Konsistenz des Stuhls erkennen kann *(er soll fest, nicht zu hart (Wassermangel!) und am besten dunkel sein)*. Ein heller Stuhl z.B. deutet auf eine Gallenfunktionsstörung hin, vor allem wenn er oben auf im Wasser schwimmt.

Eine reduzierte Ausscheidung führt zu einem kritischen Anstieg von Fäkal-Bakterien *(z.B. E-Coli)*, was sich auf die gesamte Magen- und Darm-Flora auswirkt. Andere bemerken in Ihrer Umwelt, wie sie von immer weniger Parasiten, menschlicher, wie auch mikrobieller Natur heimgesucht werden. Das dauerhafte Trinken von FC-1 geladenem Wasser *(min. 1,5 – 2 Ltr.)* führt dazu, dass sich die Immunität verbessert und keine Energie mehr für niedere, pathogene Systeme bereit gestellt wird. Als Folge reduzieren sie Ihre Population und führen zu einem stabilen gesundheitlichen Gesamtzustand, der meist nicht bemerkt wird, weil man nicht mehr krank ist und die Gesundheit zur „Selbstverständlichkeit" wird was sie in einem normalen, energetisch verunreinigten Zustand niemals werden kann. Da passiert etwas ganz wichtiges! Wie verändert sich wohl das Leben, wenn nicht mehr Krankheit, sondern Gesundheit das Hauptthema wird. Weil diese immer da ist, benötigt man keine wertvolle Energie der Aufmerksamkeit für die Krankheit, wodurch immer mehr individuelle Kraft-Potenziale verfügbar werden, die man in den Fortschritt investieren und zum Wohle der Schöpfung einsetzen kann. Man kann einen ganz erheblichen Unterschied der Energien des FC-1 und des FC-2 merken, wenn man die Platten ab 16.00 Uhr wechselt.

Hat die FC-Platte 1 gut gearbeitet, so wird mit der FC-Platte 2 ausgeschieden, was mangels Energie *„verhungert"* ist und so höre ich oft von Anwendern, dass Sie ab 16.00 Uhr mit der FC-2 Platte vermehrt auf die Toilette müssen. Die verhungerten Bakterien und deren Gifte sammeln sich und werden über den Urin ausgeschieden, weswegen eine ausreichende Zufuhr von Wasser *(und ich meine NUR Wasser)* für alle Prozesse die wichtigste Voraussetzung ist.

Bei Epilepsie haben sich beide Platten *(1 + 2)* als sehr hilfreich erwiesen. Bei einem Anfall wird die Platte für 5 – 15 Minuten einfach auf das Kronen-Chakra gelegt. Nach dem Anfall viel mit FC-1/2 geladenes Wasser trinken! – Der Anfall geht schnell wieder zurück und eventuelle Begleiterscheinungen bleiben meist aus! –

Läuse oder andere parasitäre Blutsauger werden durch das Versprühen mit FC-1 aufgeladenem Wasser in kurzer Zeit vertrieben. Am besten nimmt man hier, ebenso wie bei Schimmelpilz-Befall eine Hydrogen-Ionen Lösung *(H$^+$-Ionen-Lösung, pH ca. 2)*, welche man mit FC-1 auflädt und anschließend versprüht.

Magnetfelder, insbesondere die kaum messbaren, sind bekannt für ihre heilsame und regenerative Wirkung. Die Informationen in den skalaren Feldern der FC-2 Platte **(entgiftend)** bewirken durch ihre Impulse, dass sich der Organismus entgiftet und regeneriert. Damit einhergehend ist die Rehabilitierung und Reinigung aller physiologischen Systeme und Organe auf Zellebene, wodurch die Regeneration von Gewebe und Zellen der verschiedenen Organe eingeleitet wird. Als Folge daraus beginnt die Normierung aller Stoffwechselprozesse im Organismus, insbesondere bei der Protein-biosynthese, über welche sich der Mensch dauerhaft erneuert.

Ich verwende die FC-2 Platte gerne zur Öffnung des Lymphatischen Systems das infolge eines chronischen Elektronen- und Bewegungs-mangels bei den meisten Menschen nur noch sub-optimal arbeitet. Der Lymph-Fluss ist unterbrochen, - alles steht und degeneriert, - meist schon über viele Jahre. Da aus der Platte nur ein bestimmtes, quantitatives Energiepotenzial zur Harmonisierung des Organismus zur Verfügung steht, macht es durchaus Sinn, den lymphatischen Fluss durch ernährungsphysiologische Interventionen in den Griff zu bekommen. Das macht man auf ganz einfache Art und Weise:

Besorgen Sie sich aus der Apotheke den „Zitronensäurezyklus" (Fa. Heel Arzneimittel); - eine Homöopathie, welche dem Organismus das

Signal gibt, NADH, - Elektronenüberträger, -bereitzustellen. Diese wurden in Folge einer vorliegenden Übersäuerung zurückgebildet, und da der Organismus ökonomisch denkt, reduziert er die Ausschüttung von Elektronen-Überträgern, wenn keine Elektronen da sind, die zu transportieren wären! – So muss man vor der Einnahme der Homöopathie dem Körper Elektronen zuführen, wie man das mit den FC-H⁻ Kapseln macht. Elektronen und NADH bewirken gemeinsam die Aktivierung der mitochondrialen Enzymketten innerhalb der Lymph-Zellen, wodurch die Lymphen wieder zu arbeiten beginnen! Dies ist aus meiner Erfahrung die wichtigste Intervention, da die FC-Energien sonst in der mikrobiellen Abwehr verpuffen. Man sollte über eine Woche lang jeden Tag diese Lymph-Kur morgens anwenden, damit sich das Lymph-System wieder stabilisiert.

Da niemand wirklich weiß, wie es um die Müllablagerungen in seinem Organismus steht, empfehle ich dringend, einen versierten Heilkundigen zu konsultieren, um den eventuell unangenehmen Nebenwirkungen eines in Bewegung geratenen Lymphflusses zu begegnen!

Im Nachfolgenden erhalten Sie wertvolle Hinweise und Tips im Bezug auf den effizienten Umgang mit den FC-Platten, wobei dies die eigenen Erfahrungen nicht ersetzen sondern unterstützen soll.

Ich kann nur jedem empfehlen, sich die Fertigkeit einer biophysikalischen Messtechnik anzueignen, damit man jederzeit selbst, z.B. mit einem Einhand-Tensor das messen kann, wozu die innere Wahrnehmung noch nicht ausgereift ist. Dennoch gibt es einige Grundregeln, die sehr wichtig im Umgang mit den FC-Platten sind, weswegen ich sie Ihnen vorstellen möchte.

Wahre Gesundheit bewirkt in der einen oder anderen Weise die Auflösung des normalen Ego, jenes falschen Selbst, das unserer entfremdeten sozialen Realität völlig angepasst ist - und das Auftauchen des «inneren» archetypischen Vermittlers, durch diesen Tod eine Wiedergeburt und die eventuelle Re-Etablierung einer neuen Art von Ego-Funktion. Das Ego ist nun Diener des Transzendenten und nicht mehr sein Verräter. - **Ronald D. Laing**

Skalare Felder

Der russische Physiker, *Gennadij Nikolajev,* machte bei seinen Forschungen eine aufsehenerregende Entdeckung, die durch die *Maxwell-Gleichung,* welche die Erzeugung und das Verhalten von elektrischen und magnetischen Feldern beschreibt, nicht mehr beschreibbar war.
Nikolajev entwickelte ein theoretisches Modell, das Sergej Koltsov bei seinen Forschungen Ende 1990, in die Praxis holte. Koltsov entdeckte ein solches elektromagnetisches Feld mit dieser *Maxwell-Anomalie* und so begann er Antworten zu suchen, wobei er auf Nikolajev's Forschungen stieß. In seinen Ausführungen berichtet Nikolajev von diesem Phänomen, das er aus seinen Forschungen entdeckte. In einem Experiment stellte er das Phänomen wissenschaftlich empirisch dar. Hierzu verwendete er einen zylindrischen Magneten und trennte ihn in zwei Teile. Dann werden die beiden Teile um 180 ° Grad zueinander verdreht und wieder zusammengeführt. Dadurch erreichte er, dass sich die dipolaren Magnetfelder im Schnittbereich kompensieren. Dabei fällt das Vektorfeld auf Null ab, wohingegen das kumulierte Feld des Vektorpotenzials, sowie die erzeugte Spannung des dabei entstandenen Skalarfeldes *(biol. aktives Feld!)* maximiert. Wellen, welche in einen solchem Feld entstehen, nennt man Skalarwellen (auch *Längs-* oder *Longitudinalwellen*), die auch *Nikolai Tesla* schon erforscht und beschrieben hat. Alle lebenden Systeme kommunizieren auf der Ebene der Skalarwellen, - sie werden von Ihnen gesteuert!

Soweit zu den Grundlagen des Magnetfeldes, doch was bewirkt dieses? – Kommt man mit diesem geteilten Magnetzylinder in die Nähe von Wasser, so hat man festgestellt, dass sich die Struktur des Wassers vollkommen verändert. Die Magnete senken die Härte, bzw. Oberflächenspannung des Wassers, wodurch sich die Prozesse im Wasser verändern und es entstehen dabei sog. *konzentrische Wasserwirbel (Mikrowirbel),* wie sie der österreichische Naturforscher und Erfinder, *Viktor Schauberger,* aus seinen spektakulären Naturbeobachtungen veröffentlichte.

Er beobachtete den Wasserstrom in einem spiralwandigen Kupfer-
rohr und erkannte dabei, dass sich innerhalb des an der Rohrwand
rotierenden Wirbels, ein zweiter Wirbel im Inneren ausgebildet hat,
welcher entgegengesetzt *(retrograd)* zum Äußeren verläuft.
Der äußere Wirbel ist sehr schwer, - der innere, gegenläufige Wirbel
hingegen besitzt schon fast levitierende Eigenschaften. Der innere
Gegenwirbel ist der Grund, warum das Wasser sich bergab nicht
unaufhörlich beschleunigt. Bis dahin war das noch ein physikalisches
Paradox, weil man Wasser nur als eine sich bewegende Masse
betrachtete, ohne sich auf die inneren Strukturen des Wassers zu
besinnen. Demnach müsste das Wasser sich bergab fließend derart
beschleunigen, dass durch die Reibungshitze im Tal nur noch heißer
Wasserdampf ankäme!
Das ist jedoch zum Glück nicht der Fall, wodurch Schauberger die
Dipolarität des Wassers postulierte, welche genau diesem Effekt
entgegenwirkt. Derart strukturiertes Wasser verhindert die Kalk-
bildung, Algenwachstum und ist im Stande jede Wasserverun-
reinigung zu reinigen, - ja sogar Strom und Wärme hat er damit
produziert und wurde zum *Staatsfeind Nr. 1,* - nicht nur die Energie-
sondern auch die Pharma-Konzerne konnten seine Forschungen
nicht zulassen, da sie ansonsten obsolet wären! In einem Aufsatz
schrieb Schauberger:

*Wenn man diesen Strom in ein übliches Wasser einfließen lässt,
dann wird das Wasser kühler, dichter und besonders schwer. Die
Ionenzahl verändert sich um das 1000-fache. Beim trinken eines
solchen Wassers hört jeglicher Schmerz fast augenblicklich auf.
Wenn man es über längere Zeit trinkt, steigt die intellektuelle und
sexuelle Potenz eines Menschen. Es wird sogar Impotenz geheilt.
Nieren-, Gallensteine und andere Formationen dieser Art werden
aufgelöst und in Form von kleinen Partikeln aus dem Körper
ausgeschieden. Venerische und Malaria Bakterien werden aus dem
Organismus über das Blut bzw. den Urin ausgeschieden.
Solche Behandlungen sollten nur unter ärztlicher Aufsicht
geschehen, doch unter dem Einfluss dieses Lebensstromes wird
Ihnen keine Krankheit mehr etwas antun können. Sogar Krebsge-
schwüre verheilen auf wunderbare Art und Weise."*

Auch das Maß der magnetischen Wirkung war für Schauberger ein kausaler Faktor des Lebens, an dem die Maxwellsche Gleichung seiner Ansicht nach vorbeischoss. In einem Zitat stellte er hierzu fest:

Warum wurde als Fundament der Wissenschaft ein Gesetz postuliert, das erklärt, wie der Apfel vom Baum fällt, doch vergisst man dabei zu beschreiben, wie der Apfel gewachsen ist. "

Kommen wir nun wieder zurück zu Sergej Koltsov, dem es nun gelungen ist, aus der Synthese von Schauberger und Nikolajev ein *„Gerät"* zu erzeugen, das alle lebenden Systeme wieder zurück in ihre balancierte Mitte bringt. Allerdings hat er den Zylindermagneten ersetzt durch fasrige Strukturen von Naturstoffen, die nach der *Nikolajev-Methode* geteilt, verdreht und zusammengelegt werden. Nach der Vollendung entsteht auch hier ein skalares Magnetfeld, das unmittelbar beginnt, biologisch aktive Wellen auszusenden. Diese können gut sein, wenn sie aus der Natur kommen, oder aber schaden, wenn sie aus menschlicher, naturwidriger Technik kommen. Die FC-Platten die Kolzov aus dieser Synthese entwickelt hat, sind eine Konstruktion von Doppelelementen und vier magnetisierten Gummiplatten, worin das Prinzip des DNA-Aufbaus verwendet wurde, jedoch wurden die Stränge der DNA gegeneinander verdreht, was gleichzeitig auch der Skalarwellen-Generator der Platten ist. Durch den Dipol-Moment wird auch die persistierende Magnetfeldanpassung erreicht. Hierzu Koltsov:

Die FC-Platten zu entmagnetisieren wird nicht gehen, weil man dann versuchen müsste, das Erdmagnetfeld zu entmagnetisieren. Die beiden dipolaren Elemente der FC-Platten sind mit dem Rhythmus des Erdmagnetfeldes verbunden und je stärker die Störung von außen kommt, desto stärker wird die Antwort sein.

In den FC-Platten wiederholen sich also Naturgesetze, die auf jede äußere Veränderung des magnetischen Feldes sofort balancierend einwirken. Die FC-Platten machen das solange, wie es ein Erdmagnetfeld gibt und sind damit theoretisch unendlich haltbar.

Es sind nicht immer die großen Seinserfahrungen, die in spek-takulärer Weise den Menschen verwandeln, die am Anfang des initialen Lebens stehen. Der Seinserfahrung, die blitzartig einschlägt und das Feld des Lebens in einem neuen Licht aufleuchten lässt, steht gegenüber der anderen Möglichkeit eines langsamen, in vielen Kleinerfahrungen entstehenden Hineinwachsens in die andere Ebene. Wird diese aber erreicht, dann geht es doch um einen Sprung, darin der Mensch sich seines neuen Standes bewusst werden muss. - **Karlfried Graf Dürckheim**

FC-Anwendungs Empfehlungen 1 - 8

Für die FC-Platten 1 – 8 gilt aus der Erfahrung folgende Vorgehensweise und Aufgliederung:

Basisplatten: Nr. 1, 2 und 3/4
Sucht/Krankheiten: Nr. 5
Haut: Nr. 6, 7 und 8.
Bis 16.00 Uhr tragen und Wasser laden: Nr.1, 5 und 6
Ab 16.00 Uhr tragen und Wasser laden: Nr.2, 7 und 8.
Immer tragen: Nr. 3 bzw. Nr. 4
Schlafplatten (unter das Kopfkissen): Nr.3 bzw. 4 und 8.

Der energetische Einstieg erfolgt mit den Platten 1, 2 und 3 *(Yin/Frau)* oder 4 *(Yang/Mann)*. Alle Steuerprozesse wirken aus einer trinären Einheit, weshalb die kumulierten Felder aller drei FC-Platten die maximale Effizienz bringen.

In der ersten Tageshälfte *(bis 16 Uhr)* trägt man die Platten 1 und/oder 5 an sich und lädt mit ihnen Wasser und Lebensmittel auf. Ab 16 Uhr führt man den Organismus in seine Regenerationsphase und trägt daher die FC-Platte Nr. 2. Man sollte abends nichts mehr, oder nur noch wenig essen, da der Organismus in die Aufbauphase *(anabol)* geht, - Der Mageninhalt bleibt bis zum Morgen unverdaut im Magen! – Optimieren Sie also den Prozess der Regeneration in dem Sie abends nichts mehr essen!

Die FC-3, bzw. 4 Platte *(endokrines System)* trägt man dauerhaft an sich. Ich empfehle sie abends unter das Kopfkissen zu legen, weil sie auch den Hormonhaushalt harmonisieren, der vor allem dann aktiv wird, wenn man tief schläft. Man kann generell alle FC's unter das Kopfkissen legen, auch mehrere. Sollten man Unbehagen merken, dann ist dies ein Zeichen, dass es im Organismus arbeitet.

Man möge selbst entscheiden, wie man mit solchen Zuständen einer Heilkrise umgeht. Durch das Entfernen der betreffenden FC-Platte stellen sich die *unangenehmen* Nebenwirkungen der Heilung schnell wieder ein, - ein Beweis dafür, wie kraftvoll die FC-Platten auf das System wirken.

Sinn der Basisgruppe *(FC-1, 2 und 3/4)* ist es, den Organismus vorzubereiten, indem man mit FC-1 eine Grundbereinigung des mikrobiellen Milieus herbeiführt. Alle organischen Systeme arbeiten an der Milieubereinigung mit, jedoch geht der Organismus, seiner Organuhr folgend, ab 16 Uhr in die Regenrations-Phase, in welcher er entgiftet und regeneriert,

weswegen man nun den FC-2 verwendet, damit die externen Energien auf höchster Ebene systemkonform arbeiten.

Das Zauberwort hierfür heiß *Synchronisation*, damit eine einheitliche *Kohärenz-Schwingung* daraus entsteht.

Die Ursachen aller Disharmonien sind Überschüsse pathogener Mikroorganismen, deren Gifte nach ihrem Absterben Gewebe und Organe stark belasten.

So empfehle ich aus meiner laufenden Praxis heraus, den Prozess der Milieu-Harmonisierung mit *ozonoiden Ölkomposits* zu unterstützen, wie von *Dr. rer. nat. Steidl* entwickelt wurden und die sich auch hervorragend zur Oralhygiene eignen. Alleine im Oralbereich tummeln sich 10^{11} Mikroorganismen. Im Vergleich hierzu findet man im Genitaltrakt *„nur"* 10^{9} Mikroorganismen! Mehr dazu in einem gesonderten Kapitel.

Eine andere Alternative, die mikrobiellen Prozesse zu ordnen geht dahin, dem Körper hochwertige Physiologie zuzuführen, die darüber hinaus über ein kohärentes Biofeld aufgrund der hohen physiologischen Ordnung verfügt, was sich mit maximaler Effizient im System auswirkt. Kohärenz bedeutet immer ein harmonisches Wechsel- und Zusammenwirken von äußeren und inneren Feldern, wobei wegen der hohen Ordnung so gut wie keine Widerstände entstehen. Die hohe Ordnung entsteht dabei immer nur in freien Natursystemen, die eine maximale Ansammlung von Lichtquanten in sich tragen. Licht ist der Ordnungsfaktor aller lebenden Systeme, - die Fähigkeit eines Systems Licht zu erhalten und zu speichern, gibt über die Qualität des Systems Auskunft.

Dieter Beenen, ein deutscher Nahrungsforscher hat diesbezüglich ein einzigartiges Mumijo Produkt entwickelt, das über eine so enorme synergetische Effizienz verfügt, dass diese Kombination auch ohne Platten wahre Wunderwirkungen vollbringt. Mumijo ist ein Erdferment, das nach mehr als 10 Jahren nur an bestimmten Orten *(Felsnischen,...)* entsteht.

Winde bringen viele Partikel pflanzlichen, wie auch tierischen Ursprungs an exponierte Stellen, wo sie sich über die Jahre aufkumulieren und in einen Gärprozess übergehen.

Dies vollzieht sich vorwiegend in den Bergen *(z.B. Kirgisistan)* ab einer Höhe von 1000 Meter ü.d.M. Hier verändern sich die Lichtverhältnisse gravierend und je höher man kommt, desto stärker nimmt die Intensität des Lichtes zu.

Mumijo ist ein lebendiges Lebensmittel aus Mutter Erde, in welcher Erdenergien mit maximaler Lichtenergie aktiviert werden.

Genau wie der Darm setzt sich auch die Erde vorwiegend aus Mikroorganismen zusammen. In jedem Gramm Erde leben Milliarden von Mikroorganismen und im menschlichen Köper gibt es etwa 50 Mal mehr Mirkoorganismen als Zellen! – Mumijo ist durch seine hohe Lichtordnung ein Regulator des mikrobiellen Milieus.

Zusammen mit der FC-Platte 1, entsteht ein einzigartiger Wirkkomplex, der kausal hilft und daher nachhaltig wirkt! –

Ein wunderschönes Beispiel, wie sich biologisch aktive Felder mit physiologischen Wirkstoffen vereinen können. Bei so viel hoher Ordnungsenergie, hat eine niedere Ordnung keine Chance mehr, sich zu etablieren.

Die FC-3 und 4 Platten bezeichne ich als die Yin- *(Nr. 3)* und Yang-Platte *(Nr. 4)*. Sie müssen nicht dogmatisch nach Männlein und Weiblein getrennt werden. Ein überbetonter Yang-Mann mit Gefühlsarmmut, Aggressionen oder zu viel Feuer-Energien, kann sich mit Yin Energie ausgleichen. Umgekehrt kann eine Frau, die zu emotional oder sehr verängstigt ist und sich oft einsam fühlt, ihre Yang Energien aktivieren. Die biologisch aktiven Felder dieser Platten regulieren das gesamte *endokrine System*, das eine wichtige Rolle, vor allem bei der Gewebeneubildung spielt, weswegen diese Energien zu nahezu allen Regenerationsprozessen benötigt werden.

Im Nervensystem werden der Yang-Strang *(Sympathikus)*, sowie der Yin-Strang *(Parasympathikus)* harmonisiert, was sich positiv auf die Atem- und Herzfrequenz auswirken kann.

Das ganze obere Energie-System *(Nabel-, Herz- und Hals-Chakra)* wird aktiviert und zu einem synchronen Ablauf *korrigiert*.

Der FC-5 ist die *„Krankheits- und Suchtplatte"* in welcher eine Vielzahl von bioaktiven Signalen wirken, welche den gesamten Organismus balancieren um ihn regenerationsfähig *(abstinent)* zu machen! Die biogenen Felder wirken auch auf die *Neuroplastizität* des Gehirns, was in Fällen von Sucht von großer Bedeutung für eine zufriedene und sichere Abstinenz ist.

Man verwendet die Platte in allen Fällen von Vergiftungen und Kontrollverslust durch psychische und physische Abhängigkeit. Kommt Suchtdruck auf, so legt man die Platte für ein paar Minuten auf das Kronen-Chakra oder auf den Thymus. Legen Sie alle Sucht-stoffe *(Zigarette, Kaffe, Alkohol, Zucker,...)* auf die Platte, bevor sie sich diese zuführen. Sie müssen nicht gleich aufhören zu sündigen; - legen Sie ihre *„Genussschätze"* einfach nur für 5 Minuten auf die FC-5 Platte, - der Rest passiert von ganz alleine, ja sogar die Bereitschaft aufzuhören mit dem, was einen schädigt, nimmt immer mehr zu, bis es eines Tages zum *finalen Cut* kommt.

Bei schweren Krankheitsbildern habe ich schon sehr gute Erfahrungen gemacht, wenn man den FC 5 einfach unter das

Kopfkissen des Patienten schiebt. Bei einem Patienten *(78 Jahre)*, der einen schweren Schlaganfall erlitt, verbesserten sich innerhalb von 10 Tagen so ziemlich alle Vitalwerte des Organismus. Nach dem Öffnen der Augen war er sofort wieder klar da *(zuvor nach ca. 30 Minuten!)*, seine Sehkraft verbesserte sich signifikant und die Werte seiner Bauchspeicheldrüse steuerten wieder auf Normalwerte zu. Ein Umstand, den sich die Ärzte nicht erklären konnten. Dem Patienten ist eine Erklärung egal, - er genießt die neu gewonnene Lebensqualität, die sich von Tag zu Tag steigert.

Die Russen bezeichnen die Platten 6, 7 und 8 als *„kosmetische Platten"*, was aus meinem holistischen Verständnis jedoch etwas zu trivial formuliert ist. Bei der Haut geht es um mehr, als nur ein schönes und vitales Äußeres zu zeigen.

Die Haut ist nicht nur das größte Körperorgan, sie ist auch ein *Grenzflächenorgan!* – Das bedeutet, dass sie der Vermittler von äußeren Signalen in das Innere des humanen Systems ist.
Es macht nicht viel Sinn, Signale bester Qualität von Außen in ein inneres Chaos zu schicken, weswegen die FC-Basis eine wichtige Grundvoraussetzung für eine systematische innere Wiederherstellung einer verlorenen hohen Ordnung ist.
Erst nach der inneren Organisation wendet man sich dem Grenzflächen-System zu, das im Prinzip das dermatologische Analog zu den FC-1 und 2 Platten ist. Die biogenen Felder der FC-6 Platte bereinigen das mikrobielle Hautmilieu, weswegen diese Platte auch bei Akne und anderen dermatologischen Problemen zu hervorragenden Ergebnissen führen kann.
Der FC-7 hingegen organisiert die photochemischen Prozesse, die aus einem intakten Milieu höchster Ordnung entstehen. Hier sind Mikroorganismen am Werke, welche Licht transformieren und das System über die von außen kommenden Signale steuern.
Nicht nur die Informationssteuerung wurde berücksichtigt, sondern auch die Gesundheit der Gefäße und vor allem der Nerven, wie z.B. der *Myelinbildung* oder Bildung von *(Neuro-)* Transmittern, sowie anderen Boten- und Arbeitsstoffen, die zu einer balancierten Homöostase führen.

Am Ende der FC-Platten gibt es den FC-8 der, wie auch der FC-5, eine Universalplatte, - ein Bioregulator, - ist, sich jedoch auf das gesamte innere **und** äußere System bezieht.

Beim FC-8 wird empfohlen ihn beim Schlafen unter das Kopfkissen zu legen, weil seine biologisch aktiven Felder die Zirbeldrüse stimulieren, um *Melatonin* auszuschütten, was zu einer besseren Schlafqualität führt. Dies bedeutet gleichzeitig auch eine höhere Regenerationsrate, da sich der Körper im Schlaf am besten gesundet. Seine hohe Ordnung erfordert einen funktionellen Thymus, der aus kosmogoner Sicht auch als das *„Kosmische Center"* bezeichnet wird. Alle hohen Energien werden von ihm an das unten angegliederte Chakren-System weitergeleitet. Die Funktionalität des Thymus *(Drüsensystem, in dem das Herz-Chakra liegt)* ist entscheidend für die Güte der Energien, die empfangen und verarbeitet werden können.

Zur Aktivierung des Thymus sollte man täglich mehrmals für 5 – 10 Minuten den FC-8 direkt auf den Thymus auflegen. Ich empfehle dazu, während dieser Zeit eine Kurzmeditation zu machen, - also das Denken ausschalten und die kommentarlose Stille des *Nichtdenkenmüssens* zu gehen, wobei man seine konzentrierte Aufmerksamkeit auf den Thymus richtet.

Manchmal kann es zu Herz-Schmerzen kommen, die daher rühren, dass die Kapillare durchblutet werden und der Komplex, Thymus-Lunge-Herz, sich wieder neu zu vernetzen beginnt. Der Schmerz ist legitim und muss keine Ängste bereiten. Wenn er jedoch zu doll werden sollte, dann nimmt man die Platte einfach wieder weg vom Thymus.

Auch Kopfschmerzen können sich als Folge der Erweiterung von Meridian- oder expandierenden Cranio-Sacral-Kanälen einstellen.

Dabei sollte man sich bewusst sein, dass es sich um Schmerzen der Regeneration handelt, welche im höheren Denken ein Sakrileg des Bewusstwerdens bedeuten und keinesfalls als negativ zu bewerten sind. Wichtig dabei ist viel Ruhe und dass man möglichst jede Form von Aufregung vermeidet.

Stress ist der Antagonist der Regeneration!

Wegen der hohen Ordnungsstruktur, welche die FC-8 Platte hervorbringt, kann man mit dieser Platte auch meditieren, oder geistig-mental arbeiten. Die Konzentrationstiefe, die Entspannung, sowie die inneren Bilder werden klarer und die Wege in die Kontemplation immer kürzer.

Man sollte dieses kybernetische Programm unbedingt einhalten. Die Platten sind danach nicht nutzlos, sondern können immer wieder verwendet werden, nur eben nicht mehr in der streng aufbauenden Ordnung, sondern spontan, ganz nach Gefühl oder Messergebnis. Man kann auch mehrere Platten tragen, jedoch sollte man immer die Biorhythmen bedenken, wie dies im Falle von FC-1 und 2 der Fall ist, was sich auch analog auch auf den FC-6 und 7 anwenden lässt. Weitere Beschreibungen zu den einzelnen Platten entnehmen Sie bitte Anhang 1.

FC Know How

An dieser Stelle möchte ich Ihnen einige Anregungen zum Umgang mit den FC-Platten geben:

Viel „Gutes Wasser" trinken

Die bioaktiven Felder initiieren physiologische Vorgänge im System wofür ausreichend Wasser benötigt wird. Die Hauptwirkung des FC beruht auf seiner Fähigkeit, hoch kohärente Wasserstrukturen zu erzeugen, welche sich u.a. auf sämtliche Stoffwechselprozesse auswirken. Daher wird ein Minimumverzehr von *1,5 - 2 Ltr.* strukturierten Wassers pro Tag empfohlen.

Fließendes Wasser wird sofort strukturiert, wenn man den FC auf den Wasserhahn oder Duschkopf *(wasserdicht machen!)* befestigt. Stehendes Wasser im Glas z.B. benötigt etwa 5 Minuten bis es vollständig strukturiert ist. Man kann den Ladevorgang beschleunigen, in dem man am besten mit einem Glasstab oder einem Plastiklöffel das Wasser im Glas **rechtsdrehend** verrührt. Auf diese Art dauert es nur wenige Sekunden, bis das Wasser aufgeladen und verzehrfähig ist. Bei diesem Vorgang kann man ganz leicht durch konzentrierte Gedanken das Wasser informieren.

Wenn man Wasser auflädt, um sich damit einen Tee zu zubereiten, dann muss das Wasser **nach** dem Aufbrühen strukturiert werden. Die Hitze *(Entropie-Faktor)* beim Aufkochen würde die zuvor eingebrachten Strukturen zerstören.

Aktivieren des Energieflusses

Mindestens 2 x täglich sollte man seinen Energiefluss harmonisieren, indem man die FC-1 Platte an das Wurzel-Chakra legt und den FC-7 oder 8 auf den Anfang der Wirbelsäule *(Atlas)* hält. Jeder Wirbel ist mit einem Organ verbunden, so dass die Wirbelsäule als Ganzes die Hauptstrasse aller Aktionen im Körper ist. Wenn hier die Kommunikation *klemmt*, dann wirkt sich dies auf die zugeordneten Organe aus. Deswegen 2 x am Tag die Platten für 10 – 15 Minuten anlegen und aktiv an der Errichtung einer hohen Ordnung mitwirken.

Wichtiger Hinweis!

Bei den meisten Menschen ist der erste Wirbel, der Atlas-Wirbel, verdreht. Da der Atlas der Gleichgewichtspunkt der gesamten Wirbelsäule ist, wird dringend empfohlen, sich den Atlas von einem Atlasprofilax-Therapeuten[5] korrigieren zu lassen. Zudem sind Bewegungsübungen angeraten, welche die Wirbelsäule in Form halten, wozu z.B. Yoga gehört.

Energiedusche oder -bad

Laden Sie immer Ihr Badewasser oder das Duschwasser mit dem FC-Thema *(FC1 – 16)* Ihrer Wahl auf, wobei die Uhrzeit zu berücksichtigen ist *(Knotenpunkt: 16.00 Uhr)*. Stecken Sie den FC in eine Plastiktüte und verschließen Sie diese wasserdicht. Befestigen Sie den FC *(z.B. Gummiband)* direkt am Duschkopf, bzw. Wasserhahn, damit das austretende Wasser strukturiert wird.

Fluss des Lebens

Eine FC-Platte stellt das fertige Ergebnis nicht-linearer Forschungen dar, weswegen sich die FC-Platten in der Starre nicht wohl fühlen.

---

[5] http://www.atlasprofilax.ch/

Sie korrigieren das Feld und gehen dann in den *„Standby"* Modus über. So bekommt man nur *kleine Ergebnisse.* Man muss die FC-Platten bewegen, damit sich die Felder immer wieder und wieder in die höhere Ordnung einschwingen. Nur die FC-3/4 Platten werden dauerhaft am Sakral-Chakra *(ca. 5 cm u. d. Bauch-Nabel)* angelegt.

Alles wird gut

Viele Menschen können nicht ablassen von ihren sinnlichen Süchten. Damit man den Körper nicht übermäßig damit schädigt, sollte man seine Zigaretten, den Kaffee, den Wein oder das Bier und sogar den Lutscher oder das Konfekt auf die FC-Platte Nr. 5 legen, - für 5 – 10 Minuten. Zum einen wird alles deutlich verträglicher und verändert seinen Geschmack. Zum anderen erhält man nicht mehr den *„Kick"* wegen dem man der Sinnlichkeit verfallen ist, was dazu führt, dass man über Kurz oder Lang das stehen lässt, was nur gut zu schmecken scheint, in Wirklichkeit jedoch nur schadet.
So neutralisiert der FC-5 z.B. Tannine und zugesetzte Giftstoffe aus dem Tabak, oder schädliche Röststoffe aus dem Kaffee, wodurch die Genussdrogen derart von Schadstoffen entwertet werden, dass sich am Ende eine optimale Verträglichkeit auf Kosten der sinnlichen Geschmackfindung und damit auch auf das treibende Gelüste einstellt.

Holistisches Prinzip

Der Holismus bezeichnet das ganzheitliche Zusammenwirken aller Dinge an einer Sache. Der Begründer des Holismus, *Christiaan Smuts* formulierte das wie folgt:

„Das Ganze ist mehr als nur die Summe seiner Teile."

So ist es auch mit den FC-Platten, womit ich ausdrücken möchte, dass die Qualität Ihrer Gedanken die Steuerimpulse für die biogenen Felder aus den FC sind. Man kann nur so hohe Ordnungszustände in sich erzeugen, wie man ihnen durch das Denken Einlass gewährt. Versuchen Sie daher jegliche Negation zu vermeiden und denken Sie überwiegend an Positives, - an das, was Sie wollen und nicht an das, was Sie nicht wollen!

Kybernetische Wirkung

In der Kybernetik versucht man Systeme wieder in die Harmonie zu bringen *(synchronisieren)*. Dabei repariert man bei Organ-Paaren nicht das kranke Organ, sondern tonisiert das gesunde Organ. Dadurch reguliert sich das kranke Organ über die Kraft des gesunden Organs. Erst ein paar Tage später kann man das kranke Organ weiter in den initialen Bemühungen sich zu gesunden unterstützen.

Grundlegend richtig ernähren

In Russland gibt es ein Sprichwort, das alles zum Ausdruck bringt was zu sagen ist:

Das Frühstück iss selbst,
das Mittagessen teile mit einem Freund,
das Abendessen schenke Deinem Feind.

Meiden Sie Kohlehydrate und halten Sie Ausschau nach lebendiger Nahrung aus Wildwuchs. Obst, Gemüse, Pilze, Trockenfrüchte, Nüsse und hochwertige Proteinquellen sowie Kräuter und Öle sollten den Hauptbestandteil der Nahrung ausmachen. Bringen Sie die Nährstoffe mit den FC-Platten in eine kohärente Schwingung, damit sie den Organismus best möglich und rückstandsfrei ernähren.

Chakren Reinigung

Reinigen Sie mehrmals am Tag Ihre Chakren. Sie reagieren sehr sensibel auf äußere Einflüsse und vor allem in hektischen Situationen kann es zu „Kurzschlüssen" kommen, mit Folgen für das gesamte Energiesystem des Menschen. Legen Sie für diese Reinigung den FC-1 am Wurzel-Chakra an. Halten Sie nun einen FC Ihrer Wahl *(empfohlen FC-8)* in der Hand und gehen Sie von oben nach unten Ihre Chakren durch, wobei sie zu sich selbst gesehen die Platte in kleinen Rechtsdrehungen kreisen lassen.

Verweilen Sie für etwa 3 – 5 Minuten vor jedem Chakra und kreisen Sie den FC am besten direkt über dem Chakra.

Legen Sie dabei sanfte Musik oder Naturgeräusche ein.

Chakren lieben harmonische Schwingungsmuster, - Sphärenklänge, - die sie sanft massieren und zum rotieren bringen. Auch der Verlauf der Chakren ist di-polar, wobei der äußere Wirbel zur Energiesendung rechtsdrehend ist, während der innere Wirbel die Impulse linksdrehend in das äußeren System *einwirbelt*. Der ein- und ausgehende Wirbel sind kompetitiv zueinander. Das bedeutet, dass eine Energiezunahme des einströmenden Wirbels zu einer analogen Energieabnahme im ausgebenden Wirbel führt. Es kommt so z.b. mehr Energie zu einem Organ, das nun vermehrt arbeiten muss und somit die Kommunikation nach Außen zurückstellt. In manchen, den Leben angepassten Situationen, mag dies notwendig sein, doch es sollte kein Dauerzustand werden, was bei den meisten Menschen jedoch der Fall ist. Um diese Disharmonie zu beheben kann man mit speziellen *Cosmo Energetic* Kanälen sehr schnell arbeiten, oder mit den *„violetten"* FC-Platten *(FC 9 – 16)*, die von der CEM-Großmeisterin *Marina* mental *programmiert* wurden.

Mit den physiologischen FC Platten *(1 – 8)* macht man das, indem man die FC-Platte 1 am Steiß anbringt. Die FC-2, 5 oder 8 Platte nimmt man in die Hand und reguliert alle Chakren, - angefangen vom Sakral-, dann zum Milz- und über das Nabel-Chakra zum Herz- und Kehlkopf-Chakra, wie schon beschrieben wurde. Stirn- und Kronen-Chakra bitte nicht behandeln, - sie synchronisieren sich nach der Ordnung der unteren Chakren. Legen Sie nun Ihre Hand mit der Platte auf das Chakra, am besten auf die nackte Haut. Dort halten Sie diese, bis Sie ein Pochen spüren. Bewegen Sie die Platte nun aus Ihrer Sicht langsam rechtsdrehend im geringen Abstand zum Chakra und achten Sie auf die Veränderungen, die sich sofort einstellen. 3 – 7 Kreisbewegungen reichen je Chakra dabei völlig aus.

Verweilen Sie noch ein paar Sekunden auf dem harmonisch pochenden Chakra und gehen Sie dann ins nächste wobei Sie die Schwingung des/der vorhergehenden Chakren mitnehmen. Dieses Vorgehen wiederholen Sie mit allen benannten Chakren, wobei Sie bewusst die Schwingung des vorhergehenden Chakras, mit in das Folgende nehmen. Je öfters die Chakren stabilisiert werden, desto mehr verdichten und vereinen sich die Energiekörper *(Aura)*, was zu mehr energetischen Schutz und freier Eigenentwicklung führt.

Bewegung ist Leben

Bewegung ist wichtig, damit die Flüssigkeiten im Fluss bleiben und das Skelett sich über die Bewegung dauerhaft neu justieren kann. Je mehr der Fluss des Lebens in Bewegung ist, desto schneller und nachhaltiger können die bioaktiven Felder der FC-Platten zu harmonisierender Wirkung kommen. Spazierengehen, Radfahren, Schwimmen oder Trampolin-Springen sind sehr geeignet, solange sie im ausgewogenen Rahmen betrieben werden. Wichtig ist vor allem, dass es Spaß macht, - Leistungsstreben ist dabei unangebracht.

Sich seiner bewusst sein

Die meisten Menschen machen den Fehler, dass sie ihre Bewusstheit von ihrem augenblicklichen Weg abdriften lassen.

Um jeden Moment bewusst zu sein, kann man im Umgang mit den FC's lernen, entweder seine Gedanken, die Gefühle oder den Willen zu kontrollieren. Egal für was man sich entscheidet zu kontrollieren, die anderen beiden Aspekte der Ganzheit passen sich der bewussten Führung an. Da es für die wenigsten möglich ist, die Gedanken und die Gefühle zu kontrollieren, rate ich Ihnen, Ihren Willen auszuüben. Dies tun Sie auf einfache Art und Weise nach *Mirsakrim Norbekov*, indem Sie ein Lächeln aufsetzen und eine gerade Haltung annehmen, - zu jeder Zeit. Drücken Sie die Brust raus indem Sie die Schulterblätter nach innen, zueinander bewegen und vergessen Sie nicht, immer lächeln, - egal wie stark, Hauptsache die Mundwinkel verziehen sich nach oben!

Dadurch entspannen Sie die gesamte Muskulatur, so dass die Energie fließen kann. Bestimmt geben Sie mir Recht, dass dies die einfachste Methode zur Eigenkontrolle ist, die sich auf die Bereiche positiv auswirkt, die noch schwer zu kontrollieren sind. Während Sie lächeln und mit geschwollener Brust voranschreiten, sollten Sie dabei an Ihre Heilung denken und versuchen zu empfinden, wie es sich anfühlt, wenn man Ganz und Heil ist. Sie werden sehen, wie Sie damit die positiven Energien der FC-Platten deutlich erhöhen.

Wichtig - bitte Beachten

Die FC-Platten beeinflussen die Qualität bei medizintechnischen Diagnoseverfahren, wie z.B. Ultraschall, Röntgen, Cardiographien, Computer Tomographie u.a.

46

Jede Röntgenaufnahme vermindert die natürliche Lebenszeit um etwa 7 Stunden – eine Zeit, die am Ende verloren ist!

Vor operativen Eingriffen mit *(Lokal-)* Anästhetika sollte man mindestens eine Woche vorher die Platten absetzen und nicht mehr am Körper tragen. Es könnte zu einer verminderten Wirkung der Narkotika kommen. Die Platten korrigieren alles, was dem Organismus schadet und so kann es bei der Zufuhr schädlicher Stoffe zu einer veränderten Wirkung kommen, weil sich die Zellen der Aufnahme toxischer Stoffe verweigern. Die Natur unterstützt verständlicherweise nur Bewegungen, welche dem Organismus dienen. Was ihm schadet wird autoregulativ nivelliert.

FC's in der Haushygiene
Laden Sie Wasser beim Einlaufen in ein Gefäß, mit der FC-1 oder FC-5 Platte auf. Sprühen Sie das aufgeladene Wasser am Besten mit einem Pumpzerstäuber auf Oberflächen, die gereinigt werden sollen, oder die sich in schwer zugänglichen Regionen des Haushaltes befinden. Man kann die Reinigung auf ätherischer Ebene unterstützen, beispielsweise mit Lavendel, Thymian, Citronella oder Salbei. Ich empfehle Ihnen zur Reinigung zusätzlich eine *Saure-Lösung* (pH ca. 2) mit *FC-H$^+$* zu verwenden, die auch bei Schimmelpilz sowie gegen alle Bakterien und Viren nachhaltig aktiv ist[6].
Um die Wirkung der reinigenden Felder zu unterstützen, kann man dabei Mantras singen, wie z.B. *„Aum Schri Agni Suria Tscheia Ram"* oder das einfache „OM".

Pflanzen lieben den FC
Pflanzen schätzen die skalaren Felder der FC-1 und 2 Platte. Man sollte die Pflanzen bei Schädlingsbefall mit FC-1 geladenem Wasser gießen. Zur Unterstützung eines gesunden Pflanzenwachstums verwendet man die FC-2 Platte um das Blumenwasser aufzuladen.

---

[6] Siehe auch unter: www.natopsan.de

Zur Pflege und gegen Parasiten bereitet man am Morgen zwischen 5 – 7 Uhr eine Lösung mit FC-1/2 zu, welche man über der Pflanze versprüht. Öffnen Sie die Fenster, damit das Vogelgezwitscher einziehen kann, da dieses die Blattporen öffnet, um das aufgeladene Wasser auf den Blättern aufzunehmen. Pflanzen reagieren sehr sensibel auf Gedanken, weswegen man nur positive Gedanken bei dieser Arbeit erzeugen sollten.

Mit Schädlingen befallene Pflanzen stellt man für 1 – 2 Tage auf die FC-1 Platte. Meist sind dann anstatt der Schädlinge neue Triebe zu sehen.

Mit Licht heilen

Legen Sie den FC-2 in den Stromverteilerkasten *(Haupt-FI)*, - machen Sie das Licht in dem Raum an, wo Sie sich aufhalten und lassen Sie die FC-2 dort für 30 Minuten liegen. Nach 30 Minuten wechseln Sie die FC-2 Platte durch die FC-1 Platte aus. Damit erhält man eine einzigartige Lichttherapie, weil die FC-Platten eine Lichtpolarisierung bewirken, was sich auf den gesamten Organismus auswirkt.

Verwenden Sie bitte keine giftstoffhaltigen Energiesparlampen.

E-Smog Schutz

Die hohen Ordnungsfelder der FC-Platten wirken auf Zellebene und bewahren die Zelle vor allen negativen Einflüssen pathogener, also krankmachender Felder. Nur das Tragen der FC-Platte bewirkt schon diesen Schutz, für den Träger und all diejenigen, welche in seinem Feld *(ca. 150 m)* stehen. Das Bedürfnis des Schutzes ist kein Einzelprivileg und wer sich schützen kann, der sollte auch auf die Ungeschützten Rücksicht nehmen und sie vor krankmachenden E-Smog bewahren.

Essen aufladen

Der niedere Elektronengehalt der dargebotenen Industrienahrung, sowie die geringe Lichtenergie *(Biophotonen)* erzeugen in der Nahrung Felder niederer Ordnung, welche dem Körper nur ein degeneratives Ordnungskonzept anbieten können. Zwar kann man keine Nährstoffe herbeizaubern, jedoch kann man die regenerative Energie der vorhandenen Nährstoffe potenzieren, - in die höchst mögliche Ordnung bringen, - wodurch aus wenig, mehr wird.

Hierzu legt man den FC-1 oder 2 auf den Tisch, unter den Teller. Dadurch wird der Wasseranteil in den Nahrungsmitteln in die höchst mögliche Ordnungskphärenz gebracht. Legen Sie die FC-Platten neben den Herd beim Kochen und waschen Sie Gemüse und Obst mit FC-strukturiertem Wasser. Beim Essen kann man die Platten auf dem Tisch ausbreiten um Soßen, Salate, Gewürze oder sonstige Speisenbeigaben damit aufzuladen.

FC-Platten im Haushalt

Die FC-Platten sind der universelle Haushaltsfreund. *Korrigieren* Sie Weichspüler und Waschmittel mit dem FC-2, - die Haut und die Umwelt werden es zu schätzen wissen.

Laden Sie Blumen- mit FC-1/2 auf und strukturieren Sie sämtliche Körperpflegemittel, Parfums, Badezusätze, Genuss- oder Hygienemittel mit den FC-Platten.

Versprühen Sie FC-1 geladenes Wasser über Haustiere, an deren Schlafplätze, sowie an den eigenen Hauptaufenthaltsorten *(z.B. Büro, Auto,..)*, am besten mehrmals täglich um degenerativen Energiesystemen das Potenzial zu entziehen. Strukturieren Sie das Trink-Wasser der Haustiere oder das Wasser im Aquarium *(FC-1)*.

Wohlstand durch FC-Platten

Das Geld trägt die dunkle Signatur seiner Erfinder, weswegen es wichtig ist, dass man Geld, wenn man es in sein Haus aufnimmt, immer reinigt. Geld ist eine machtvolle Energie, mit der man große Bewegungen erzeugen kann, - zum Guten, wie auch zum Schlechten, wobei das Negative durch seine bloße Existenz das Gute hervorbringt, weswegen beides Teile eines Ganzen sind, was eine Bewertung überdrüssig macht.

Vielmehr kommt es darauf an, was man selbst bewusst mit dieser Energie macht. Wir wollen mit der Geldenergie doch unsere eigene Bewegung fördern, und nicht die von dunklen *Schatten-Bossen*. Wenn man Geld erhält, so kommen meist die Informationen des Mangels *(zu wenig oder gleich wieder weg)* und der Begrenzung *(Bürokratie/Kreditwesen)*, sowie die Konditionierung, die uns beigebracht hat, dass man für *„sein"* Geld, hart arbeiten müsse! – Es geht auch anders.

Löschen Sie die alten Informationen der Geldenergie und laden Sie diese mit der magnetischen Anziehungskraft der Mehrung auf. Legen Sie dazu die FC-1 Platte bei zunehmenden Mond in die Geldbörse zu einen möglichst großen Schein, den Sie aber nicht ausgeben dürfen. Er wird das Ruhezentrum des Wirbels sein, der sich um ihn aufbaut, - er ist das Zentrum aller Resonanz-Brücken zu Prozessen der positiven Vermehrung. Man legt die Platte über mehrere Nächte in den Geldbeutel, um den Wirbel der Fülle mit Energie zu pulsen; - Sie müssen nur noch aufmerksam im Moment verweilen und die Chancen erkennen und auch nutzen, denn von alleine, ohne Ihr Zutun vermehrt sich nichts! Erzeugen Sie im Wirbel der Fülle in sich das Gefühl der Fülle, - machen Sie den Kreis rund!

FC-Verschränkung

Über das quantenphysikalische Phänomen der Nichtlokalität *(Quanten-Verschränkung)* ist man zu jederzeit mit allem verbunden.

So kann man weit entfernten Menschen direkt helfen, in dem man das Bild einer Bezugsperson auf die FC-Platten legt. Dabei hat es sich bewährt, wenn man das Foto zuerst für 2 Stunden auf den FC-1 legt, dann ebenso lang auf den FC-2 und am Ende auf den FC-3/4. – Probieren Sie es einfach aus. Mit geistig-mentaler Konzentration kann man diese konkrete Sendung noch intensivieren.

FC und psychosoziales Umfeld

Überall wo der FC getragen wird, *korrigiert* er die Strukturen aller umgebenden wässrigen Medien, was sich einerseits physiologisch in der Harmonisierung des Stoffwechsels ausdrückt, andererseits wird auch das Wasser des Gehirns neu strukturiert, was sich auch auf Denkprozesse und Verhaltensweisen, also den Charakter auswirkt.

Überall dort, wo FC-Platten getragen und aufgestellt werden, stellt sich mehr Ruhe, Harmonie und Ordnung ein, - in der Familie, der Arbeit oder im Club, - auf jeder Ebene des Zusammenlebens. Wie von unsichtbarer Hand, werden die Lebensprozesse so *korrigiert*, dass man durch sein Denken und den daraus folgenden Taten, immer mehr zur Harmonie kommt. Probleme trennen nicht mehr, sondern führen zusammen, - kreieren gemeinsame Lösungen und überhaupt verlieren die einst *großen Probleme* ihren initialen Moment, - sie fallen in Bedeutungslosigkeit zusammen!

Wie wären also die Folgen, einer zu Harmonie *korrigierten* Gemeinschaft? – Die Gedanken können nur aus dem umgebenden Informationsangebot entstehen, weswegen die Ordnungsgüte dieses Angebots von grundlegender Bedeutung ist. In einem hoch schwingenden Feld gibt es keine Initiatoren mehr für niedere Verhaltens- und Denkweisen. Auch wenn man kultiviertes niederes Verhalten in die Umgebung abgibt, so reduzieren sich die negativen Folgen auf das Umfeld, weil die negative Auslöserenergie des Verursachers kontinuierlich abfällt.

Humanpathogener Energieschutz

Therapeuten, Heilkundige und andere, die in ihrem Tun am Wohlergehen des Menschen mitwirken, setzen sich den Energiefeldern aus, welche den Patienten erkranken ließen. Das Gesamtpaket besteht aus einer Vielzahl an destruktiven Mustern, zu welchen auch andere Menschen Resonanzbrücken ausgebildet haben, die automatisch zu schwingen beginnen, wenn sie mit einem resonanten Impuls erweckt werden. So wird diesen Personen speziell, aber auch allen anderen Menschen empfohlen, die FC-Platte*(n)* überall mit hin zu nehmen und immer bei sich zu tragen. Die hohen Ordnungsfelder der FC-Platten verhindern, dass die negativen Resonanzpartner miteinander ins Schwingen kommen, wodurch sie den Träger effizient und spürbar schützen. Auch beim Autofahren und erst recht beim Fliegen *(kosmische Strahlung)* sollte der FC immer dabei sein, denn ein guter Schutz ist der beste Garant für eine gute Lebensqualität.

FC – Helfer in der Not

Die FC-Platten, insbesondere FC-1 und 2, können oft heilsame Dienste tun. Bei Magenschmerzen nimmt man die FC-2 Platte, legt sie auf die nackte Haut auf und lässt sie langsam rechtsdrehend *(zu sich blickend)* rotieren. Stellen sie sich dabei vor, wie Sie vor sich selbst stehen und eine rechtsdrehende Spirale auf die betreffende Stelle malen, - folgen Sie mit der Hand dieser Bewegung. Bei Krämpfen hat sich sowohl FC-1 als auch 2 als schnell wirksam herausgestellt. Setzen Sie dabei eine Kante der Karte an ihren nackten Füßen an, und ziehen Sie die Platte mit leichtem Druck zum Herzen heran. In wenigen Momenten ist der Krampf weg.

Bei Epilepsie kann ebenfalls FC-1/2 auf die Mitte des Kopfes gelegt werden, natürlich aber auch seitlich, - lassen Sie sich dabei von Ihren eigenen Impulsen führen, - die sind immer richtiger als die Wahrheit anderer Menschen!

Strom und Benzin sparen mit den FC's

Bis zu 30% Strom lässt sich mit der FC-Platten sparen.
Das Einspar-Prinzip dabei lautet:
Der streuende Wechselstrom wird neu geordnet *(korrigiert)* was zu weniger Streuverlust führt. Die Ersparnis wird so durch die effizientere Nutzung erzielt. Die FC-1 und 2 Platten können eine Ersparnis bringen, jedoch gilt es bei dieser Anwendung unbedingt darauf zu achten, dass man die Platte auf den vom Zähler in das Haus gehende Kabel legt. Dadurch kann man auch den Streustrom nutzen und die elektrischen Geräte zu energetischen *„Heilgeräten"* machen, die Felder einer hohen Ordnung ausstrahlen. Legt man die FC-Platte jedoch auf das Kabel das von den Stadtwerken zum Zähler hinläuft, dann wird der Zähler zu rasen beginnen, weil er auch die Streuverluste anfängt zu zählen! – Also bitte achtsam sein!

Ebenso verhält es sich auch beim Benzin. Hält man während des Tankvorgangs die FC-1/2 Platte auf die Zapfpistole, so strukturiert sich das Wasser im Benzin, so dass nicht nur eine sauberere Verbrennung zu weniger Schadstoffabgaben und Verschleiß führt, - laut vieler Anwenderberichte spart man sich dabei bis zu 20% Sprit. Dies gilt allerdings nur für Benziner, - nicht für Diesel. Wenn Sie fragen warum das so ist, dann muss ich Ihnen die Antwort bisher schuldig bleiben. Jedenfalls ist diese Möglichkeit der Ersparnis ein nicht unerhebliches Leistungsmerkmal, das ich am Ende der Ausführungen in Hinblick auf die sprunghaftem Preissteigerung unserer Daseinsgüter, wozu auch Energie gehört, noch benennen möchte. Das zeigt auch die Vielseitigkeit der FC-Platten und es zeigt, dass die Einsatzmöglichkeiten nur durch die ungeschulte Phantasie eingeschränkt werden.

Mit der Kultivierung der inneren Welten erhöhen sich die neuen Möglichkeiten daraus, auf eine nicht lineare, also auf eine nicht vorhersehbare Ebene zu kommen, die dabei den Charakter ebenso

formt, wie die innere Ordnung. Das nennt man dann: ‚*Über den Tellerrand hinaus schauen:*"
Nur mit seinem Willen kann der Mensch die Veränderung in seinem Leben bewirken, - die Platten sind nur eine Hilfe, - nicht der Weg!

Die FC-Platten arbeiten für SIE, - sie regen Sie aber auch zur Arbeit an SICH an, insbesondere auf Ebene der Gedanken und Gefühle, die sich nur durch Ihren selbstbestimmten Willen steuern lassen.

Das Ego ist der «Ich»-Gedanke. Das wahre «Ich» ist das Selbst. - **Ramana Maharshi**

FC's und Physiologie

Sergej Koltsov, sowie alle Fachleute, welche die FC-Platten funktional zur Wiederherstellung und Aufrechterhaltung der Gesundheit verwenden, raten den Körper ernährungsphysiologisch unter die Arme zu greifen. Hierzu gibt es viele Konzepte, die ich größtenteils über meine inzwischen mehr als 20 jährige Praxiserfahrung kennen lernen durfte. Am Ende ist in Kooperation mit *Dr. Heinz Reinwald* ein quantenbiologisches Basiskonzept entstanden das sich „*Systemische Entgiftung*" nennt und den Organismus an seiner Basis neu ausrichtet. So wird der Körper im Kern der Gesundheit systematisch entgiftet ohne sich dabei selbst zu vergiften. Die etwa 2 – 3 Monate dauernde Kur umfasst:

Normierung der Zellaktivität
Normierung des Säure-Basen-Gleichgewichtes
Normierung des Stoffwechsels und
Normierung des Milieus.

Darüber hinaus wird der gesamte Gastrointestinal-Trakt entgiftet und regeneriert, ebenso die Leber und die Nieren.

Das ganze wird unterstützt von Mikroströmen, - kleinste Ströme im Bereich von einem Millionstel Ampere, - welche die Funktion der Zelle steuern.
In Verbindung mit den FC-Platten, kann man hier noch völlig unbekannte Ressourcen aktivieren, alleine nur dadurch, dass man den existierenden Energiefluss in die neue Erdfrequenz bringt, wodurch innerhalb der Austauschreaktionen von Information und Energie keine Widerstände mehr auftreten, - also 100% Effizienz!
In den Anhängen können Sie mehr Informationen zu Dr. Reinwald's Entgiftungs-Konzept nachlesen.

Ein wichtiges Ziel ist es, die Zelle in ihre naturgegebene Selbstregulation zurück zu bringen. Dies ist die Basis der Gesundung des gesamten Systems was Voraussetzung ist, damit die Zelle sich mit den hohen Ordnungsimpulsen synchronisieren kann.
Hierzu benötigt man vordergründig *„Gutes Wasser"* und genau daran mangelt es, weswegen ich Sie immer wieder mit diesem Thema nerve! -

75% aller Amerikaner sind chronisch dehydriert und in den reichen Industriestaaten sieht es auch nicht besser aus.
Bei etwa 37% ist der *Durstreiz* bereits so verkümmert, dass er häufig mit Hunger verwechselt wird. Der Körper ersetzt die Wasser-Energie durch Zucker-Energie *(Kohlehydrate)* und das hat Folgen. Nur ein Glas Wasser würde nächtliche Hungeranfälle abschalten. Bereits eine geringe Dehydrierung verlangsamt den Stoffwechsel um etwa 3%, weswegen Wassermangel der primäre Auslöser für Tagesmüdigkeit ist!
Studien zeigen, dass täglich *8-10 Gläser* Wasser Rücken- und Gelenkbeschwerden um bis zu 80% erleichtern können, was zu einer immensen Entspannung der Muskulatur führt, wodurch sich natürlich auch der Stressfaktor reduziert.
Nur *5 Gläse*r Wasser am Tag reduzieren das Risiko vor Darm-Krebs um 45%, Brustkrebs sogar um 79%, und Blasenkrebs um 50%.
Trinken Sie also jeden Tag soviel Wasser, wie Sie sollten?
Diese Frage sollte Ihre Leitfrage sein und die Aufmerksamkeit für die Wasserzufuhr erhöhen.

Warum hat Wasser so vielfältige „Heilwirkungen"? –

Im wässrigen Medium initiieren sich sämtliche Prozesse des Lebens weswegen das Körperwasser die Urverbindung zur menschlichen Schöpfungsbasis ist.

Der Medizin-Nobelpreisträger Dr. *Alexis Carrel (1873-1944)* formulierte die Anfang des 20. Jahrhunderts wie folgt:

„Die Zelle ist unsterblich. Es ist bloß die Flüssigkeit, in der sie schwimmt, die degeneriert. Wenn man diese Flüssigkeit in Abständen erneuert und den Zellen die nötige Nahrung gibt, so wird der Puls des Lebens ... ewig schlagen."

Diesem Tenor folgend, macht es Sinn eine adäquate Nahrungsergänzung zu kreieren, welche in der Lage sein sollte, die Zellen zum einen in ihre Potenzialharmonie *(Säure/Basen)* zu bringen *(intrazellulär)*, andererseits aber auch die Potenziale des Organismus außerhalb der Zelle *(extrazellulär)* zur Harmonie hin reguliert. So benötigt man für die intrazelluläre Regulation wenige Elektronen, die jedoch stabil an Sauerstoff gebunden sein müssen, um über die Wasserkanäle in die Zelle zu gelangen. Diese besondere Form des Wasserstoffs sind die *Hydroxid-* oder *OH^-*-Ionen, die man *Anionen* nennt, weil sie zum *Anolyt* abfließen. Im weiteren Verlauf finden Sie diesen intrazellulären *Potenzialregler* als *FC-OH⁻* wieder, - eine spezielle Nahrungsergänzung, die an die Wirkweise der FC-Platten adaptiert wurde. Im physiologisch-energetischen Zusammenwirken lässt sich so die Effizienz von regenerativen Energie Feldern deutlich steigern!

Durch ein spezielles Elektrolyseverfahren werden diese sehr reaktiven OH^--Ionen in stabile Mikrowassercluster eingebunden, wodurch sie nahezu schadlos den sauren Speichel und die Magensäurepassage überwinden, bevor sie dann über den Magen in den Blutkreislauf gelangen, um von dort alle Zellen des Körpers erreichen zu können. Erst einmal in der Zelle angekommen, bindet ein OH^--Ion zwei saure H^+-Ionen *(Hydrogen-Ionen oder Kation)* und am Ende des Prozesses entsteht wieder neutrales H_2O, - Wasser.

Abfallstoffe fallen dabei keine an!

Eine sehr effiziente und zugleich sanfte Art die Zellen zu entsäuern, damit sich wieder ein normaler Zellstoffwechsel einstellen kann, - und vor allem, - es fallen keine schädlichen Antioxidations- rückstände an, welche die Zelle zusätzlich belasten würden. Eine rundum saubere Sache, welche zu einer raschen Regulation der Säure-Base-Fluten führt, wie Messungen aus dem Leistungssport- bereich ergeben haben[7].

Die Intrazelluläre Regulation der Zelle ist eine Sache, - die Potenzialspannung und Austauschreaktionen disharmonischer Elek- tronen- und Protonen-Potenziale im Körper eine ganz andere. Hier geht es darum, den durch Elektronenmangel übersäuerten Organismus wieder in seine *Potenzialharmonie* zu bringen, was auch im Bezug auf die Wirkung der FC-Platten von größter Bedeutung ist. Ein Beispiel aus dem Leben möge das Prinzip der Potenzialharmonie verdeutlichen.

Kein Mensch käme auf die Idee, seine elektrischen Geräte ohne Adapter in fremden Ländern mit einer anderen Netzspannung zu versorgen. Jeder weiß, dass das Gerät dann infolge einer zu hohen oder zu niedrigen Spannung einen Defekt erleidet und so versorgt man seine Geräte hier ausschließlich mit *220/230* Volt. Nur über diese Spannung können die Geräte die zugeführte Information und Energie nutzen.

Was für energieführende Systeme gilt, das gilt natürlich auch für die bioelektrische Spannung organischer Energiesysteme, wie z.B. der Organismus! Geht die Spannung über einen gewissen Toleranz- bereich hinaus, dann kommt es zu einem Energiestau, sowie anschließender Entladung. Im Blut liegt die Toleranzgrenze bei einen pH-Wert von 7,35 *(nahe der alten Erdfrequenz!),* mit einer maximalen Toleranz von ca. +/- 0,1; - sehr eng bemessen also. Das bedeutet, dass unser System seine Potenzialharmonie nur dann

[7] Hendrik Hannes: Zelle gesund – Mensch gesund", ehlers Verlag Wolfratshausen, 2009.

findet, wenn etwas mehr Elektronen als Protonen im Körper sind. Übersäuerung hingegen bedeutet, dass mehr Protonen, als Elektronen im Organismus sind. Protonen sind äußerst träge, - immerhin machen sie mit über 99 % die dominante Gesamtmasse des Universums aus.

Träge Masse benötigt einen aktiven Initiator, damit sie in Bewegung kommt, womit die freien Elektronen gemeint sind.

Etwas detaillierter noch: Wie gesund der Körper ist hängt in erster Linie von seiner elektrischen Leitfähigkeit ab, die nur dann optimal sein kann, wenn die *Redox-Systeme* auf der Membranoberfläche der Erythrozyten *(rote Blutkörperchen)* eine optimale Entropiekurve aufweisen. Potenzialaustauschreaktionen wirken sich kausal auf die katalytische Aktivität der membrangesteuerten *Acetylcholin-Esterase* der Erythrozyten aus, welche wiederum als Adapter bei der Anpassung von Innen mit Außen das erste Glied sind.

Wer also effizient mit Heilenergien arbeiten möchte, der muss auf zellulärer Ebene dafür die Voraussetzungen schaffen. Ansonsten kann die Erfahrung mit heilenden Feldern verwehrt bleiben und anstatt das Leben optimal zu genießen, verharrt man im Stillstand des Unglaubens. Der wahre Glaube führt über das Verständnis der Zusammenhänge zum *„Blick über den Tellerrand"* und ermöglicht dadurch vom *Überlebens-Modus* in den *Lebens-Modus* zu kommen.

Haben Sie also Hoffnung, denn was sich kompliziert anhört, ist in der Praxis ganz einfach, - wie alles was stimmig ist!

Dr. Reinwalds *FC-e- (New-H)* ist eines der effizientesten Präparate zur Regulierung der Elektronen-Potenziale die mir bekannt sind. Nur eine Kapsel bringt einen an negativen Wasserstoff *(H$^-$)* gebundenen Elektronenüberschuss von etwa **10^{18} Elektronen!** – Das sind eine Millionen x eine Billion Elektronen, die über 12 Stunden retardiert, also verzögert, in den Organismus, und dort vor allem im Darm abgegeben werden. Es ist bis dato die einzige Möglichkeit, so hohe Elektronenpotenziale in ein biologisches System zu geben. Legen Sie die *FC-e-* Kapsel(n) auf irgendeine FC Platte, damit sich der Elektronenspin an den vorherrschenden Skalarfeldern neu ausrichten kann.

Negativer oder *aktiver* Wasserstoff, sog. *Di-Hydride,* sind äußerst flüchtig, da sie nur 0,1 nm durchmessen und daher alle Feststoffe durchdringen *(diffundieren).* Mit einem sehr spezifischen oberflächenbehandelten Silizium Pulver als Grundbasis, konnte eine reversible Bindung der Di-Hydride erreicht werden, wodurch es nun möglich ist, die Spannung aus den Potenzialaustauschreaktionen so zu optimieren, dass diese die Zellen in ihren optimalen Spannungszustand versetzen. Stimmt die Spannung und das Nährstoffangebot, dann kann die Zelle in den Zustand der Selbstorganisation übergehen, sobald die mitochondrialen Kraftwerke der Zellen genügend *„aktiven Wasserstoff"* in ihren Reservoirs haben.

Eine wunderbare Synergie entsteht zwischen den FC-Platten und der Leistungsbereitschaft der Zelle, der hohen Ordnung der Felder der FC's zu folgen. Die Kapseln ersetzen jedoch nicht den Verzehr von reichlich, mittels FC-Platten strukturiertem Wasser. Am besten schafft man sich seine eigene Heimwasseranlage an mit der man sich selbst *„Gutes Wasser"* zubereitet. Bei der Wasseraufbereitung gilt es, so naturnah wie möglich zu bleiben und so empfehle ich eine Carbonfilteranlage *(mit Carbon-Blöcken!)* zum Reinigen und zur informellen Strukturierung ein Wirbelsystem *(z.B. Aqua-Dea).*
Bei Osmose Wasser empfehle ich eine Beigabe von chemisch unbehandelten Salzen *(Steinsalz, Meersalz)* oder besser noch das *2 x gebrannte Bambussalz,* das man leicht über Google im Internet beziehen kann. Der österreichische Naturforscher und Erfinder, *Viktor Schauberger,* sagte einmal, dass die Mineralien das *Skelett* des Wassers sind und die Fluss-Systeme das Adersystem der Erde. Das bedeutet, dass im *„Guten Wasser"* sowohl das Skelett als auch die richtige Bewegung enthalten sein muss, damit es der Körper optimal aufnehmen kann.
Schauberger's Technologien und Wissen beim Wasser anzuwenden macht Sinn, da Sergej Koltsov's Technologie ebenfalls auf den Grundlagenforschungen von Viktor Schauberger beruht, woraus er keinen Hehl macht. Im Gegenteil, er propagiert diese Technologie und kultiviert sie in seiner unkomplizierten und direkten Art und Weise, in dem er fertige Ergebnisse vorlegt, deren unerwartete Wirkungen bisher jeden überzeugt haben, der mit den FC-Platten in

58

Berührung gekommen ist. Die FC-Platten erzeugen eine natur-
konforme Bewegung, die man in ihrem Verlauf aus Schaubergers
Grundlagenforschung darstellen kann. Es wird gezeigt, wie Energien
in einem System höchster Ordnung verlaufen.

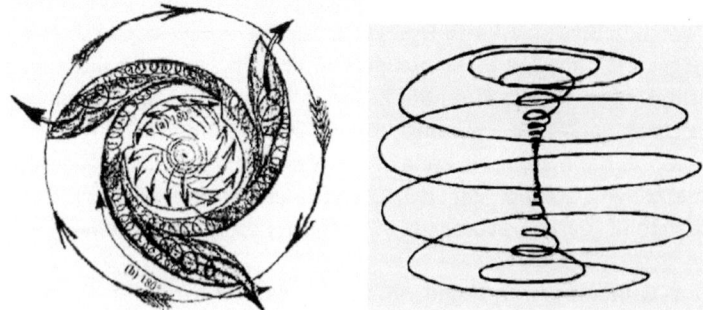

Quelle: V. Schauberger: Das Blut der Erde, Pytagoras-Kepler-Schule, Bad Ischl 1997

Derlei Energieverläufe bringen das System in seine höchste Ordnung, in der sich das System wieder selbst regulieren kann.

Ein Elektronenmangel beispielsweise führt dazu, dass nicht mehr
genügend Energie für die Aufrechterhaltung des Wirbelsystems
vorhanden ist. Andererseits führen pathogene Strahlen aus dem All,
der Sonne und der Erde, sowie vom Menschen verursachte Störfelder dazu, dass die natürliche Bewegung biologischer Systeme
gestört wird. Die Folge ist, dass die Systeme sich verlangsamen oder
sogar ganz stehen bleiben, und sie polen sich dabei um, - werden
also anstatt *rechts-*, auf einmal *linksdrehend*. In Kombination von
FC-H und den FC-Platten, schafft man in nur kurzer Zeit einen Raum
naturrichtiger Energie und Bewegung. Der Rest passiert dann ganz
von selbst. Schauberger zeigt uns damit eindrucksvoll, wie tief das
Wissen und die Beobachtung gehen müssen, bevor man daraus
einfache Lösungen hervorbringen kann. Diese neue Technologie
arbeitet dabei völlig *„verschleißfrei"*, weil alles harmonisch
ineinander überführt wird.

Wie wichtig dass es ist, mit der richtigen Energie in die richtige
Bewegung zu kommen, das zeigen uns die massiven Sonnenver-

änderungen, welche sich natürlich auch auf den Menschen auswirken. Bedenken Sie, dass alle Materie im Grunde nichts anderes ist als organisierte Sonnenenergie und Substanz. Infolge der dauerhaften, gigantischen Masse- und Energieabsonderungen der Sonne, verändert sich die Sonnen-Masse, was natürlich auf ihre Energie *(z.B. Elektronen-Spin)* und Substanz Auswirkungen hat. Alles im Sonnensystem muss sich dauerhaft an die neuen Parameter der solaren Lichtenergie anpassen. Krankheit ist dabei ein Zustand von Evolutionsblockade, - irgendein System kann sich den Veränderungen nicht anpassen, - es blockiert und führt infolge einer erhöhten Entropie *(Wärmeentwicklung)* zu körperlichen Symptomen. Die FC-Platten sind in der Lage, die von ihnen umgebenen Systeme in die kosmische Evolution zu bringen, - sie den Veränderungen der Sonne anzupassen. Dabei sind die sich dauerhaft anpassenden Magnetfelder der bislang beste Schutz, um den angeschlagenen Organismus nicht nur wieder zu regenerieren, sondern auch in die *„Sonnenentwicklung"* zu bringen. Legt man die *FC-H* Kapsel auf eine FC-Platte, so wird der Elektronen-Spin der Elektronen in den Di-Hydriden, dem der Sonnen-Elektronen angepasst, wodurch man eine maximale Effizienz erreichen kann.

Die FC-Platten können nur so gut wirken, wie die Zelle ihre Informationen umsetzen kann. Daher sollte man bei der Supplementierung stets darauf bedacht sein, sich elektronenreich zu ernähren, was in einer übersäuerten Umwelt jedoch nur schlecht möglich ist! *FC-H* ist deswegen eine genauso einzigartige Nahrungsergänzung, wie die FC-Platten auf ihrer Ebene einzigartig sind. Zusammen können sie jedes marode System in nur kurzer Zeit wieder regulieren.

Merke: Ohne Elektronen oder bei Elektronendefizit, kann der Organismus nur eingeschränkt oder gar nicht auf die Skalarfelder der FC-Platten reagieren!

Das Elektron beobachtet die Umgebung, soweit es auf eine Bedeutung in seiner Umgebung reagiert. Es handelt genauso wie die Menschen. **David Bohm**

Die „Kosmische Antenne"

Die FC-Platten bauen skalare Felder auf, aus denen bioaktive Skalarwellen in biologischen Systemen in Wirkung kommen. Es wird gesendet und empfangen und natürlich folgt die Energie einem geordneten Verlauf, der über ein Leitsystem wie z.b. die Wasserstoffbrücken *(Linus Pauling)* im Organismus verteilt wird. Die Hauptschnittstelle ist dabei die Wirbelsäule, weswegen wir dieser ein besonderes Augenmerk schenken wollen. Genauer gesagt wollen wir dem ersten Wirbel, - *dem Atlas,* - die Energie unsere Aufmerksamkeit widmen, welcher ein zentraler Knotenpunkt des Energie- und Informationsflusses ist. Gleichzeitig ist er ein funktionales Zentrum für die korrekte Anordnung der 24 *freien* Wirbel, sowie des Kreuz- und Steißbeins. Die Wirbel bilden zusammen mit den Zwischenwirbel- oder Bandscheiben sowie Sehnen und Bändern die Wirbelsäule. Sie schützt außerdem das Rückenmark. Dieser Nervenstrang leitet nahezu alle Befehle vom Gehirn an den Körper. Alle Chakren, sind als di-polare Energiewirbel mit der Wirbelsäule verbunden!

Menschen die Energie sehen können, beobachten, wie die Chakren sich als di-polarer Wirbel über die exponierten Körperstellen zur Wirbelsäule hin verjüngen und nach oben entlang der Wirbelsäule zum Kronen-Chakra wandern, oder aber nach unten, über das Steißbein *Wurzel-Chakra)* in die Erde.
Der abgebildete Entwurf des Chakren-Systems *(orange)* zeigt, dass alle Chakren in Drüsen-Systemen angelegt sind.
Folgt man dem Verlauf der Drüsen, dann erkennt man die Laufrichtung der ein- und ausströmenden Energien.
Auf genau diese Verläufe wirken die FC Platten, wodurch sie die Informationsstruktur in höchste Schwingungszustände mit maximaler Kohärenz versetzen. Was sie jedoch nicht, oder nur auf sehr lange Zeitdauer hin korrigieren können, das sind anatomische Störungen der Wirbelsäule.

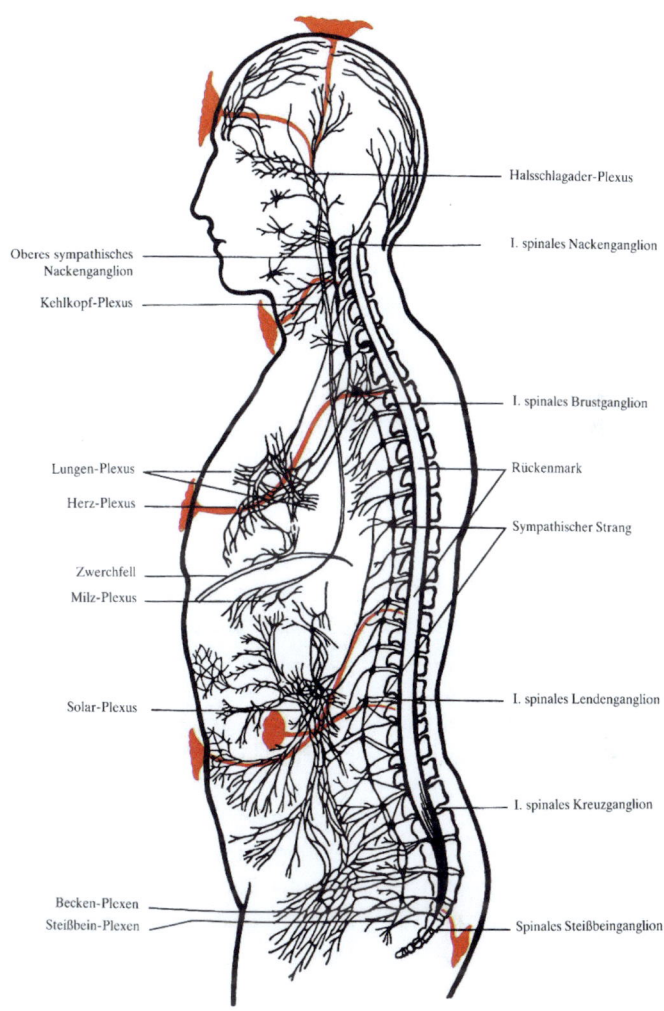

Halsschlagader-Plexus

I. spinales Nackenganglion

Oberes sympathisches
Nackenganglion

Kehlkopf-Plexus

I. spinales Brustganglion

Lungen-Plexus

Herz-Plexus

Rückenmark

Sympathischer Strang

Zwerchfell

Milz-Plexus

Solar-Plexus

I. spinales Lendenganglion

I. spinales Kreuzganglion

Becken-Plexen

Steißbein-Plexen

Spinales Steißbeinganglion

DIE CHAKRAS UND DAS NERVENSYSTEM

So kommen wir nun zum Atlas-Wirbel, der als zentraler *Gleichgewichtspunkt* der Wirbelsäule, eine ganz besondere Bedeutung hat.

Im anatomisch/energetischen Bereich liegt der Atlas Wirbel an einem sehr stark frequentierten Punkt des *„inneren"* Kommunikations-Systems, an dem insgesamt 12 Hirn-Nervenstränge sehr dicht beieinander liegen.

Störungen in diesem Bereich bedeuten, dass Signale nicht, oder nur sub-optimal an das Erfolgs-Organ gelangen, was zu Fehlfunktionen führt, die sich in der Gewebe- und Organregeneration sowie – funktion auswirken. Da bei mehr als 95% der Menschen der Atlas verdreht sein dürfte, kann daher nie eine kausale Heilung eintreten, da der Fluss der Selbstregulation am zentralen Knotenpunkt unterbrochen ist. Ebenso wie bei einem Radio ohne Antenne, kann die Kommunikation nur noch sub-optimal erfolgen! – Was könnte also aus einem Gespräch herauskommen, bei dem man nur jedes zweite Wort versteht? – Ähnlich geht es dem Organismus, wenn er mit verstümmelten Impulsen betrieben wird.

Ein verdrehter Atlas schränkt damit die Wirkung der biologisch aktiven Signale aus den FC-Platten natürlich ein, da ein Großteil der Energien für die Reparatur des *Hauptleitsystems* aufgewendet werden muss. Eigentlich unsinnig, wenn man bedenkt, dass mit einer einfachen Massage diese Ursache für immer behoben werden könnte. Nach etwa 1 Stunde Behandlung der Muskulatur um den Atlas, renkt sich dieser ganz von selbst in seine Ursprungslage ein und bleibt dort auch!

Bei der Atlasprofilax®-Methode werden hierfür Massage-Stäbe verwendet, welchen den Muskeltonus über Frequenzen *„umprogrammieren"*. Durch die Veränderung in der Muskulatur reguliert sich das gesamte System und am Ende auch der Atlas in seine naturrichtige Lage. Der wichtige Vorteil dieser Methode ist, dass keine gefährlichen osteopathischen Eingriffe nötig sind, die ohnehin meist von kurzem Erfolg sind, weil sich an der verspannten Muskulatur nichts verändert hat!

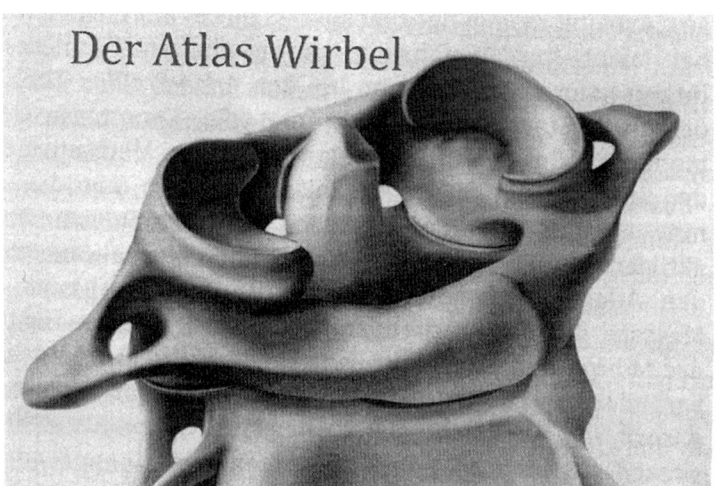

Abb.: *Ein feinmechanisches Präzisionswerk der Natur, - der Atlas als multifunktioneller Knotenpunkt aller Informationen, welche den Körper steuern. Ein kausales Zentrum der Gesundheit!*

Bei der sanften Massage-Methode reicht meist eine Behandlung aus, um das Problem der Atlas-Schiefstellung nachhaltig zu beheben. Man wird es merken, wenn die Energien und Informationen wieder frei fließen können. Auf Erkrankungen die sich verbessern möchte ich hier nicht eingehen, weil ein dermaßen kausaler Eingriff eine systemübergreifende Breitbandwirkung hat, zum Schaden der etablierten Therapeuten, welche meist auf einen Patienten-Dauerbesuch angewiesen sind. Aus diesem Grund hat man die Atlasprofilax-Therapeuten abgemahnt und versucht nun, ihnen die Ausübung dieser Methode zu untersagen.

Es wäre schade, wenn eine so wirksame Kausal-Therapie aus Unwissenheit von der Gesundheits-Plattform verschwinden würde! – Noch jedoch ist es möglich, sich den Atlas auf diese sanfte Art und Weise korrigieren zu lassen. –

Sergej Koltsov und seine Frau konnten sich von dieser Methode am eigenen Leib überzeugen, als sie im Mai 2011 für drei Wochen in Deutschland waren, um die FC-Platten u.a. auf der QUANTICA, einem internationalen Symposium für Quantenphysik und Bewusstsein, vorzustellen. In all seinen Vorträgen betont Koltsov immer wieder, wie wichtig es ist, sich regelmäßig die Wirbel einrenken zu lassen und insbesondere den Atlas zu korrigieren. Störung im Verlauf der kosmischen Antenne führen natürlich zu einer eingeschränkten Wirkung im inneren System. Die Information ist zwar da, kann aber nicht transformiert werden, - es kommt zu Blockaden und Stauungen im gesamten biologischen System, je nachdem, wo der Fluss kosmischer Informationen unterbrochen ist. So wie die Zelle eine artgerechte Spannung benötigt um optimal arbeiten zu können, so benötigt das gesamte System eine funktionelle Antenne, damit es optimal mit Informationen versorgt werden kann.

Wie wichtig die Wirbelsäule dabei ist, verdeutlicht die nachfolgend abgebildete Grafik mit der Organzuordnung der einzelnen Wirbel. In der biophysikalischen *Homöopathie nach Erich Körbler*, nutzt man die Wirbelsäule sehr effizient als initiierende Quelle zur energetischen Harmonisierung von Organen und Geweben.

Diese Abbildung kann Ihnen nicht nur als Information dienen; - man kann auch nach dieser Zuteilung, mit den FC-Platten *(1, 2, 5 oder 8)* an der Wirbelsäule arbeiten, indem man die FC-Platte etwa für 10 – 15 Minuten auf den Wirbel auflegt, welcher dem momentanen Problem zuzuordnen ist.

Hat man Zahnschmerzen, dann legt man sich FC-1 oder 2 auf den 3. Halswirbel *(C3)*, und lässt die ordnenden Energien konzentriert fließen. Da wir hier im Knotenpunkt der Chakren-Wirbel sind, sollten die FC-Platten nur aufgelegt werden, ohne dabei in die eine oder andere Richtung zu rotieren, wie das bei der Chakra-Harmonisierung gefordert ist.

Wie man am ausgerenkten Atlas-Wirbel erkennen kann, gibt es kausale Initiatoren der Gesundheit, denen man bei jeder Form der Gesundheitspflege die volle Aufmerksamkeit schenken sollte, bevor man etwas anderes macht, um sein Heil wieder zu erlangen. Wer seine Basis nicht bereitet, der baut auf Sand!

Zuordnung der Wirbel

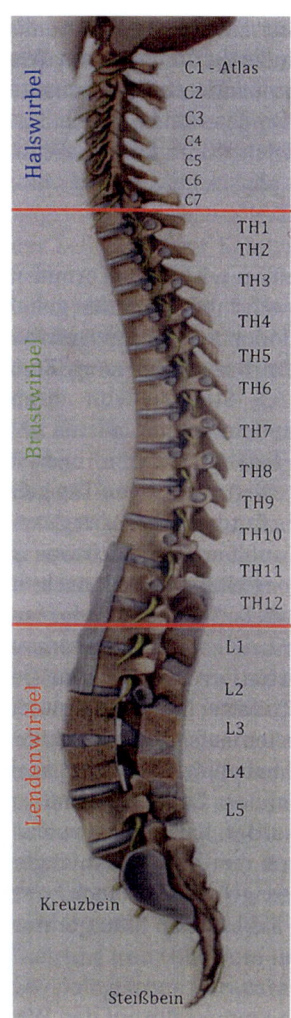

Halswirbel
- C1 - Atlas
- C2
- C3
- C4
- C5
- C6
- C7

Brustwirbel
- TH1
- TH2
- TH3
- TH4
- TH5
- TH6
- TH7
- TH8
- TH9
- TH10
- TH11
- TH12

Lendenwirbel
- L1
- L2
- L3
- L4
- L5

Kreuzbein

Steißbein

C1 Blutversorgung Kopf, Innen-/Mittelohr sympathisches Nervensystem.
C2 Augen, Nebenhöhlen, Sehnerv, Hörnerv, Zunge Stirn.
C3 Wangen, Gesichtsknochen, Zähne, Ohrmuscheln.
C4 Nase, Lippen, Mund, Eustachische Röhre
C5 Stimmbänder, Nackendrüsen, Rachen.
C6 Nackenmuskulatur, Schultern, Mandeln.
C7 Schilddrüse, Ellbogen, Schulter-Schleimbeutel.

TH1 Unterarme, Handgelenke, Hände, Finger, Speiseröhre, Luftröhre.
TH2 Herz(-Klappen), Herzkrankgefäße
TH3 Lungen, Bronchien, Rippenfell, Brüste, Brustkorb.
TH4 Gallenblase, Gallengänge
TH5 Leber, Solar-Plexus.
TH6 Magen.
TH7 Bauchspeicheldrüse, Zwölffingerdarm.
TH8 Milz.
TH9 Nebenniere.
TH10 Nieren
TH11 Nieren, Harnleiter.
TH12 Dünndarm, Lymphsystem.

L1 Dickdarm, Leistenpforte.
L2 Blinddarm, Bauch, Oberschenkel.
L3 Geschlechtsorgane, Gebärmutter, Blase, Knie
L4 Prostata, Rückenmuskulatur, Ischias.
L5 Unterschenkel, Sprunggelenke, Füße.
Kreuzbein Hüftknochen, Gesäß.
Steißbein Enddarm, After.

Quelle: Hendrik Hannes, 2010.

Insbesondere im Bezug auf die Wirkung der biogenen Signale aus den Feldern der FC-Platten, die nur so aktiv sein können, als sie das innere Informations-System zu verarbeiten vermag, ist dies wichtig.

Jede Störung in diesem kausalen System benötigt Energiepotenziale, welche dann nur reparieren und nicht regenerieren! – Von der Reparatur merkt man meist genauso wenig, wie von der schleichenden Degeneration, die meist über Jahre hinweg zur *„Schieflage"* des Systems geführt hat. Erst wenn genügend Potenziale durch Regeneration, Wohlbefinden, Kraft, Harmonie und Lebensfreude erzeugt werden können, merkt man die Felder der FC-Platten immer deutlicher. Setzt man bei der Reparatur nur auf die Energien, dann kann sich die Genesung hinziehen. Nur der ganzheitliche Aspekt, der die Physiologie mit einbezieht, bringt den gewünschten Erfolg und ein neues Bewusstsein für sich selbst und wie man mit dem Ganzen verbunden ist.

Der Mensch ist heute von Mutter Erde entwurzelt, was bedeutet, dass er aus der Informationsmatrix ausgebrochen ist, weil ihm die Wahrnehmung für diese feineren Formen von Information und Energie abhanden gekommen ist. Er spürt nicht mehr die Gezeiten, Erdbeben oder gar die ständigen Bewegungen der Luft- und Bodenelektrizität, ganz zu schweigen von den Energien der Sonne oder der vom Sternenlicht.

Ein gewichtiger Grund für die Verkümmerung der höheren Wahrnehmung ist die massive Störung eines ausgerenkten Atlas-Wirbels. Man mag sich schwer tun, dem ersten Halswirbel eine so fundamentale Wirkung zuzuschreiben, doch bei genauerem Hinsehen wird deutlich, dass im Atlasbereich eingeklemmte Nerven- und Blutbahnen, im Knotenpunkt der Kommunikation des biologischen Systems, auf kausaler Ebene Auswirkungen haben müssen!
Das bedeutet, dass ein Fehler an dieser Steller der Kausalkaskade, alle nachfolgenden Prozesse persistent disharmonisch beeinflusst.
Die Folgen daraus können daher mannigfaltiger Natur sein, weswegen ich mir ein Aufzählen der anhängigen Symptome sparen möchte. Ist die Wirbelsäule in Ihrer Funktion als kosmische Antenne funktional optimiert, dann sollte man trotzdem mit spezieller Wirbelsäulengymnastik immer darauf bedacht sein, dass auch die anderen Wirbel nicht aus der *„Reihe tanzen"*. Muskelverspannungen durch schweres Heben, monotone Bewegungen, Dehydration oder viel Sitzen ohne Bewegung, führen dauerhaft zu mehr oder weniger

starken Wirbelentgleisungen. Durch die Organzuordnung der Wirbel in der vorangegangenen Abbildung, kann man leicht erkennen, wo die Schwerpunkte der Behandlung anzusetzen sind.

Mit der biophysikalischen *Homöopathie nach Erich Körbler* ist es leicht möglich, auch für den medizinischen Laien, die Wirbelsäule, sowie die Hüften, auf Ebene des Ätherkörpers *(Meridiansystem)* zu diagnostizieren und sogar zu regulieren.
Gesundheit kann so einfach sein, wenn man nicht denkt wie ein Schulmediziner, der seine Daseinsberechtigung dadurch erwirbt, weil er die kausalen Ursachen unbehandelt lässt, diese sogar noch in Frage stellt und sich dafür aber auf die daraus resultierenden Symptome spezialisiert. So wird aus einer einfachen *Natur-Systematik* eine undurchschaubare *Medizin-Wissenschaft*, die niemand mehr versteht und die niemanden wirklich hilft!

Die einzige Methode, gesund zu bleiben, besteht darin, zu essen, was man nicht mag, zu trinken, was man verabscheut, und zu tun, was man lieber nicht täte.
Mark Twain

FC's und Cosmo Energetic

Seit März 2011 arbeitet Sergej Koltsov mit der russischen Teil-chenphysikerin und *Cosmo Energetic* (CEM) Großmeisterin *Marina Zaporozhets* zusammen, was zu einer völlig neuen Generation von FC-Platten führte. Bisher gibt es insgesamt 8 blaue FC-Platten und 5 grüne, welche ausschließlich aus der Natur aktivierte Informationen und Energien übertragen. Die grünen FC-Platten tragen im Gegen-satz zu den blauen Platten Informationen von Kraftorten, wie z.b. von dem energetischen *El Dorado* im Ural, der Spiral-Stadt aus der Bronzezeit, *Arkaim*, aber auch von bekannteren Kraftorten, wie *Stonehege* neben vielen weiteren mehr.

Inzwischen sind die *„violetten"* Platten *(FC 9 – 16)* auf dem Markt und erfreuen sich großer Beliebtheit. Auf diesen Platten befinden sich Naturenergien und erstmals kosmische Ordnungsenergien die aus den *Cosmo Energetic* Kanälen aufgeprägt wurden. Nun sind neben terrestrischen Energien auch kosmische Energiemuster präsent und verfügbar, die den evolutionären Prozess des Ganz- und Heilwerdens auf einer noch subtileren Ebene unterstützen.

Bei Sergej Koltsov's Besuch in Deutschland im Mai 2011, hatte er einige dieser neuen Platten dabei; und sie wurden zum Highlight, wohin wir auch gekommen sind. Der Auftakt war in Heidelberg, auf dem von Prof. Popp und Sohn Alexander ausgerichteten QUANTICA-Symposium, bei dem weltweit führende Quantenphysiker referier-ten. Noch nie haben Menschen eine so intensive Erfahrung mit Energie gemacht und konnten so tief in die Geheimnisse der Natur einblicken, geschweige denn, deren freie Energien zur Korrektur Störfelder und deren Wirkung auf biologische Systeme nutzen.
Hierzu als Beispiel unser Kamara-Mannes *Michael*, der auch schon den Dieter Broers Film, *„2012"* gedreht hat und von daher schon einiges gewöhnt ist. Er ist von Natur aus skeptisch, - sehr skeptisch, - bei all den Wundern, die aus den kosmischen Sphären kommen.
So auch beim Auftakt zu diesem Dreh. Während er Koltsov hinter der Kamera bei seinen Ausführungen zuhörte und ein Interview mit ihm machte, war es dann an der Zeit für eine Zauberei aus der

Koltsov Überzeugungskiste. Koltsov machte beim Essen aus einem billigen Hauswein einen edlen Tropfen den auch ein Weinkenner auf mindestens 20 Jahre Flaschengärung geschätzt hätte. Auch das Wasser veränderte seinen Geschmack so signifikant, dass Michael nach wenigen Stunden vom Skeptiker zum begeisterten Enthusiasten wurde. Er bekam einen trockenen Mund und einen Heißhunger auf dieses strukturierte Wasser, was ihm in dieser Intensität seinen Worten zufolge, das erste Mal passierte.

Am nächsten Tag setzte Koltsov noch einen drauf: Michael und Koltsov fuhren auf der B304 von Mühldorf nach München und mussten hinter einer LKW Kolonne her kriechen und das, obwohl die Zeit drängte. Koltsov spürte Michaels Unruhe, lächelte spitzbübisch und nahm eine seiner unzähligen Platten aus der Jackettasche. Er hielt sie etwas in der Hand, bewegte sie, und legte sie dann auf die Ablage an der Windschutzscheibe. Zu Michael sagte er nur: *Gleich!* – Es dauerte keine 5 Minuten, als die Kolonne rechts ran fuhr und Michael einfach daran vorbei fahren konnte. Im Rückspiegel konnte er noch sehen, wie der Hinterste an die Spitze der Kolonne fuhr.

So ein Zufall..... . Lachend schob Sergej Koltsov seine Platte wieder in die Tasche und amüsierte sich köstlich über die Fassungslosigkeit eines noch ungläubigen Realisten, der sich inzwischen auf dem Wege der Bekehrung befindet. Obwohl es eine sehr arbeitsreiche Zeit war, so kam doch nie destruktiver Stress auf und das Energieniveau blieb dauerhaft auf einem hohen Level. Diese Feststellung konnte vor allem Michael treffen, der nach Beendigung der Dreharbeiten, ohne einen FC und auch nicht mehr im Feld der FC-Platten war was er nach etwa 2 – 3 Tagen deutlich zu spüren bekam. Er verfiel in seinen alten Status Quo!

Diese neuen FC-Platten mit den *Cosmo Energetic* Signaturen, erschaffen eine kosmische Ordnungsstruktur, mit welcher sich terrestrische Prozesse schnell und einfach korrigieren lassen.
Sogar radioaktive Verstrahlung lässt sich damit neutralisieren! Da es Felder der Ordnung sind, können sie nur für positive Ergebnisse verwendet werden. Positiv sind Ergebnisse immer dann, wenn die eigene spirituelle Entwicklung gefördert wird, aber auch die kollektive Verantwortung zur Umsetzung kommt. Alles muss zum

Wohle der Schöpfung passieren und nicht vordergründig oder nur zum eigenen Wohl. Entwickelt sich ein Mensch, dann stellt er für sich und die Gesamtheit eine tonisierende Energie dar und wird vom Universum gefördert. Koltsov hat es geschafft, mit altem Druidenwissen einen gereinigten Raum auf der elektromagnetischen Ebene zu errichten. Erst durch diese hohe Ordnung können die feineren kosmischen Energien zur vollen Wirkung kommen. Hierzu ist es aber nötig, dass das System mit den blauen FC-Platten gereinigt wurde. Ohne diese Vorreinigung, kann man nur einen geringen Umsatz dieser hohen Energiefelder erreichen, was jedoch nicht bedeutet, dass der globale Schutz davon betroffen wäre. Nur die individuelle Anforderung muss sich einschränken, solange noch keine Resonanzbrücken aufgebaut werden können.

In der ersten *Cosmo Energetic* Schule in Westeuropa, kann man die CEM Mentaltechnologie lernen, um damit nach einiger Zeit seine FC-Platten sowie andere Gegenstände selbst zu programmieren.
In meinem Buch „ *CEM - Cosmo Energetic Matrix*" schreibe ich erstmals ein kompaktes Werk über diese *geheime* oder sagen wir besser unbekannte Mentallehre, deren Ursprünge weit mehr als 15.000 Jahre zurückgehen.

So wie man die Physiologie fördern sollte, so sollte man auch den Geist fördern und lernen, wie man durch seinen gereinigten Geist das Leben mit einer selbstbestimmten Willensausprägung mental steuern kann. Dabei muss man Gefühls- und Gedankenkontrolle beherrschen und sich konzentriert im Zustand der Stille des Denkens bewegen können. Zusammen mit den FC-Platten entsteht hier eine ganz neue, lebensnahe Mentaltechnologie für den Alltag.

So wie man die FC-Platten in den Alltag integriert, so kann man auch CEM darin unterbringen. Zu einer hohen Feld-Ordnung gehört auch eine hohe Ordnung des Denkens. Wer seine Gedanken und damit seinen Charakter nicht verändert, während die Prozesse um ihn herum immer höher schwingen, der wird sich nur unmerklich entwickeln können.

Die Energien der FC-Platten lassen sich nämlich sehr gut mental steuern, sofern man die Mentalsteuerung aus einer tiefen Harmonie, Konzentration und dem Herzen heraus macht. So ist es ein Anliegen der Platten, dass man sich ihnen auch geistig nähert, - sich in bewusstseinsfördernde Bewegungen einbinden lässt, was bedeutet, sich und seinen Geist, am besten mehrmals am Tag, in die gnadenvolle Stille des Denkens zu bringen.

Hier befindet man sich in der Steuerzentrale der FC-Platten, - ein Ort, wo man nicht nur kommunizieren, sondern auch delegieren kann. Mit der Erlernung von *Cosmo Energetic* schließt man den Kreis einer ganzheitlichen Entwicklung und lernt darüber hinaus die Existenz aus der *Kosmogenesis* wahrzunehmen. Alles ist schon da.
Der Schlüssel zu allen Schätzen ist das Bewusstsein und genau das gilt es mit *Cosmo Energetic* zu finden, schulen und zu kultivieren, - nach abendländischen Maßstäben.
Ein naturrichtiges System ist trotz seiner komplexen Wirkung einfach und harmonisch in alle Abläufe zu integrieren. Daran kann man am besten erkennen mit welcher Art von Ordnung man es tun hat.

Die FC-Platten unterstützen die geistige Entwicklung. Man klemmt hierzu einen FC *(FC-8 empfohlen)* zwischen die zusammenge-pressten Händen auf Pulshöhe ein. Die Hände können dabei wie beim Gebet gefaltet werden. So bleibt man etwa 15 Minuten stehen, oder sitzen, - idealerweise meditiert oder betet man dabei, um das vorhandene Energiepotenzial zu potenzieren.
Dies führt zur Ausgleichung des Meridiansystems, stabilisiert den Kreislauf und den Herz- sowie Atem-Rhythmus und kompaktiert die Aura. Eine wunderbare Übung mit der man sich schnell immer wieder in die innere Mitte bringen kann.

Auch eine Energiemassage ist sehr empfohlen. Hierzu legt man die Platten entlang der Wirbelsäule auf. Nr. 1 oder 5 ans Wurzel-Chakra und die Nr. 7 an den Atlas. Nr. 8 sollte man vorne auf den Thymus *(Herz-Chakra)* legen. So etwa 15 Min. liegen bleiben und entspan-nen. Wenn man wieder aufsteht, dann ist der gesamte Energie-körper organisiert, alle Chakren vibrieren synchron und man spürt eine wohltuende innere Ruhe, - ein ganz besonderes Glücksgefühl. Dies hilft auch, wenn man in emotionalen Krisen steckt, die ja im Grunde nichts anderes sind als energetische Disharmonien die vor allem dann entstehen, wenn im Energiekörper, der Aura, *„Ausreißer"* oder Blockaden vorhanden sind.

Sehr effizient sind auch die bereits erwähnten Chakren Massagen. Hierzu muss man sich etwas mit den Chakren befassen, damit man weiß, welches Chakra man mit Energie aufladen soll. Hat man z.b. einen Infekt, dann wird der FC-1 in den Hosenbund zum Wurzel-Chakra gesteckt, wohingegen die Regenrationsplatte FC-2 am Milz-Chakra angelegt wird, worüber die Prana-Energie zur Heilung einströmt. Gehen Sie bei derlei Chakra-Massagen immer in den Zustand des *„Nicht denken müssens"*, damit möglicht wenig Widerstände den heilsamen Prozess stören.

Bei *Tantra* Massagen kann man mit den grünen Platten arbeiten, welche den inneren Mann, die Frau und das Kind im Wesenskern ansprechen. Die erwählte Platte wird dann auf das Wurzel-Chakra gelegt, wenn man auf dem Bauch liegt. Dreht man sich auf den Rücken, so wird die Platte am Sakral-Chakra, dem Sitz des transpersonalen niederen Selbst, angelegt. Die Platten bewirken ein intensives Verschmelzen der beiden Wesensenergien und das bewusste Erfahren und Erleben der Gefühlszustände, als transpersonale Erfahrung und Bewusstwerdung.

Wer *Cosmo Energetic* erlernt, erwirbt sich im Laufe der Zeit die Fähigkeit Energie sehen zu können. Marina ist Koltsov bei seinen Forschungen vor allem deswegen eine sehr große Hilfe, weil sie den Fluss der Energie sehen kann. Sie kann ihn nicht nur sehen, sondern auch mit den CEM-Kanälen mental steuern! Jede Veränderung am Verlauf der Energie kann sie sehen und somit helfen, die ohnehin schon grandios wirksamen Platten, noch um ein Weiteres zu verbessern. Eine wunderbare Fähigkeit, die jeder Mensch erlernen kann, wenn man willens ist, sich zu verändern und bereit ist, sich Wahrheiten hinzugeben, die man zwar nicht lernen kann rational zu erfassen, jedoch kann man lernen sie zu spüren und auf die seine individuelle Art wahrzunehmen.

Cosmo Energetic bietet zudem die ethisch-/moralische Basis für die geistig-mentale Entwicklung, da Begriffe wie Liebe, Freude oder Wahrhaftigkeit aus einer Erfahrung hervorgehen müssen. Nur ein Trugschluss kann dabei herauskommen, wenn man sich nur auf das rationale Verstehen dieser kosmischen Kräfte verlässt!

In dieser Kombination von Naturenergien und kosmischen Schöpfungsenergien, können noch gewaltige Bewusstseinsprozesse initiiert werden. Für mich bedeutet diese Kombination einen fruchtbaren Nährboden, für eine sich zum Positiven verändernde Menschheit; - ein neuer Weg naturrichtiger Bewegungen!

Mit *Cosmo Energetic* Kanälen kann man den Platten zusätzliche Attribute verabreichen. Z.B. kann man die FC-1 Platte, welche ein antiparasitäres Feld erzeugt mit vielen CEM-Kanälen laden, welche die Organe reinigen, das Blut, aber auch die Chakren sowie die Gedankenkultur. Es gibt Kanäle, die um ein großes Areal, ja sogar um die ganze Erde oder in und um die Sonne energetische Sphären errichten können, mit denen man untergeordnete Energien zu nivellieren vermag. Auf diesen Ebenen der kosmischen Kausalkaskade kann man starke Schutzfelder erstellen, welche das Wesen, sowie alle Systeme des Organismus organisieren, - nach der Norm der Schöpfung! – Diese Energien steuern elektromagnetische Felder, die ein bestimmtes Mindestmaß an Ordnung aufweisen. Die elektromagnetischen Felder wiederum steuern die biologischen Prozesse in und um die Zellen.

Hat die FC-Platte also zuvor elektromagnetische Felder höchster Ordnung erzeugt, so werden diese durch die feineren CEM -Energien noch einmal zusätzlich verfeinert, was sich natürlich auch in der Wirkung der biologisch aktiven Energien niederschlägt. CEM-Lehrer wie Marina haben sich über die Zeit *(16 Jahre)* eine so tiefe Mental-Konzentration angelernt, dass sie nahezu jede Materie durch ihre CEM-Kanäle verändern können. Man darf gespannt sein, welches Potenzial die weiteren Forschungen erbringen werden.

*Die religiösen Genies aller Zeiten waren durch diese
kosmische Religiosität ausgezeichnet, die keine Dogmen
und keinen Gott kennt, der nach dem Bild des Menschen
gedacht wäre.* - **Albert Einstein**

Die FC-Platten 1 – 8

FC 1 - antiparasitär, harmonisierend.

Der FC-1 ist ein universales Basis*gerät* mit einem breiten Wirkspektrum. Auf der Platte sind Informationen von mehr als 70
harmonisch aufeinander abgestimmten Kräutern und sieben
ayurvedischen Anwendungen, die sich aus je 15 hoch aktiven
Pflanzen zusammensetzen. Sie enthalten Themen von Masaru
Emotos Wellen-Therapie von Organen und Körper-Systemen, sowie
Informationen von Orten der Kraft und Harmonie, wie z.B. *Stone-
henge, Lourdes*, sowie vieler hoch schwingender Kraftorte mehr.

Laut Medizinforschung werden viele, u.a. auch chronische Krankheiten, durch Parasiten verursacht. Darunter findet man Erkrankungen wie Diabetes, Herz- und Kreislauferkrankungen *(Angina,
Herzinfarkt, Schlaganfall,...)*, Krebs, Asthma, Allergien, und viele
Krankheiten mehr. Niemand denkt daran, dass die Gefäße voller
(Blut-) Parasiten sein könnten, welche den Organismus von innen
aufzehren. Sie beschädigen und zerstören Zellen, Gewebe und am
Ende Organe. Ihr Wohnort ist der Übersäuerungsschleim der sich an
den Gefäßen und den Geweben bildet. Ihre Ausscheidungen geben
sie ins Blut ab, wodurch eine Vielzahl an Symptomen auftreten wie
z.b. Thrombosen, Gefäßverschluss, Allergien, Schlaflosigkeit, Erbre-

chen, Durchfall, ...etc. Viele parasitäre Infektionen bleiben unerkannt und führen zu Krankheiten, denen scheinbar keine Ursache zu zuordnen ist. Die Vorbeugung gegen derlei Infektionen ist besonders wichtig in Haushalten, mit Tieren und Kindern.

Die biogenen FC-1 Felder bewirken im Grunde eine harmonische Umverlagerung von negativen Potenzialen. Sie wandeln degenerative in regenerative Potenziale um. Mit einem österreichischen Mikrobiologen wurde ein einfaches Experiment gemacht, welches das Wirkprinzip sehr schön verdeutlicht. Eine von Milben befallene Jungpflanze wurde, quasi als letzte Rettungsmaßnahme, vor der Entsorgung auf den Kompost, auf die FC-1 Platte gestellt. Nach 2 Tagen waren keine Milben mehr da und die Pflanze bildete stattdessen neue Triebe aus. Was ist passiert? – Die hohen Ordnungsfelder haben nur noch die regenerativen Prozesse unterstützt. Die Immunität *(Regenerationsfähigkeit)* der Pflanze nahm zu, wodurch die Resonanz- und Nahrungsbrücken zu den Milben nicht mehr existent waren. Ein Prozess der harmonischen Autoregulation in dem nichts zerstört wird. Lediglich die zuvor bestandenen Resonanzbrücken brechen infolge ausbleibender niederer Energien in sich zusammen, was eine regenerative Potenzialverschiebung ausgelöst hat.

Auf den menschlichen Organismus übertragen wird nach diesem Prinzip allen parasitären *(Anaerober)* Viren, Würmern, Pilzen, Parasiten, Einzellern und pathogenen Bakterien der Saft abgedreht, wodurch Potenzialverschiebungen auftreten, welche einen Wandel des Milieus hervorrufen. Viren können übrigens nicht substanziell sondern nur über Potenzialverschiebungen getötet werden!
Ich habe in diesem Zusammenhang sehr gute Erfahrungen in Kombination mit *Dr. Steidl's Ölkomposit Zeta* gemacht, welcher kompromisslos alle expandierten *Anaerober* eliminiert.

Noch besser wirkt der Ölkomposit, wenn man ihn für etwa 5 - 10 Minuten auf die FC-1 Platte stellt. Aus Russland gibt es Ärzteberichte, die bescheinigen, dass bei Patienten, welche den FC-1 etwa zwei Monate verwendet haben, weder ein zuvor diagnostizierte *HIV-Virus (?)*, noch ein Hepatitis C-Virus gefunden werden konnte! Die biologisch aktiven Felder der FC-Platten töten diese Viren nicht ab, - das wäre wieder nur eine Regulation niederer Ordnung, sondern sie erzeugen ein Feld, in dem sich die fremden Organismen unwohl fühlen und aufhören, sich zu vermehren. Als Folge dessen reduzieren sie ihre Population und passen sich den neuen Verhältnissen an. Daraus ergibt sich eine Vielzahl von Anwendungsgebieten:

- *Normierung die Mikroflora des Magen-Darm-Traktes*
- *Normierung der Funktionalität des Immunsystems*
- *Normierung der Nebennieren, Zirbeldrüse, Hypophyse,....*
- *Aktivierung und Optimierung der Thymusdrüse!*
- *Normierung der Homöostase*
- *Normierung der Durchblutung des Gehirns (Atlas!)*
- *Präventiv gegen kanzerogene Prozesse*
- *Normierung der Biorhythmen des Gehirns, des zentralen Nervensystems und der endokrinen Drüsen.*
- *Normierung aller Systeme und Organe auf Zellebene*
- *Normierung der emotionalen Zustände*
- *Normierung der Sehrkraft und Funktionalität der Augen*
- *Hilfreich bei Entzündungen, Verbrennungen etc.*
- *Normierung der Serotonin-Produktion*

Die weitreichenden Auswirkungen des FC-1 basieren auf den degenerativen Folgen zu hoher *Anaerober*-Potenziale.
Reduzieren sich die degenerativen Mikroorganismen auf ein harmonisches Maß, dann gehen auch die symptomatischen Folgen zurück. Viele der pathogenen Mikroben „*verhungern*" einfach und schwirren gerade zu Beginn der Arbeit mit den FC-1 tot im Organismus herum, wobei sie ihre Leichengifte ins Gewebe abgeben.
Aus diesem Grund ist es notwendig, ab 16 Uhr massiv die Entgiftung und Regenration zu fördern. Nicht nur auf energetischer Ebene *(FC-2)*, - auch durch Meidung von gesundheitsschädlichen Genussmitteln und durch die Zufuhr regenerativer Stoffe *(Mineralien, Proteine, Elektronen, Vitamine, Frucht- u. Gemüse-Compilate,...)*, sollte man diesen wichtigen Prozess unterstützen.

FC 2 - Entgiftung - Regenration

Jede Form von Infektions- oder chronischen Erkrankungen ist immer ein Ausdruck von blockierten Regenerations-Energien, die in Folge einer degenerativen, niederen Lebensordnung anzutreffen sind. Der FC-2 erzeugt Felder höchster Ordnung für die Regeneration von sub-optimal arbeitenden biologischen Systemen, wodurch diese wieder in ihre Selbstregulation überführt werden. Das kann unterschiedlich lange dauern und wer bereits einen guten Gesundheitsstatus sein Eigen nennen kann, der kann an dessen nachhaltiger Manifestation arbeiten. Ganz wichtig dabei ist die Zufuhr von ausreichend strukturierten Wasser *(2 – 4 Ltr./Tag)*, damit die entstehenden Zerfallsprodukte aus den Zellen und extrazellulären Räumen schnell ausgespült werden können. Das Wasser nach 16 Uhr bitte 5 – 10 Minuten mit dem FC-2 *(davor FC-1)* aufladen und trinken.

Eine übersäuerte und verschlackte Zelle, die mit sub-optimaler Zell-energie versorgt wird, kann nur repariert, jedoch nicht regeneriert werden. Regeneration ist das Hauptthema dieser Platte und so geht es darum, die Zelle in ihre Selbstregulation zurückzuführen. Hierzu empfehle ich dringend die kurmäßige Anwendung FC-OH⁻ *(basische Wasser-Ionen)*. Diese reguliert die Zelle nach den Erkenntnissen der Chemie-Nobelpreisträger *Agre* und *McKinnon (2003)* und aktiviert sie für die Regeneration. Mehr zu dieser Hydroxid-Ionen Lösung entnehmen Sie dem Kapitel „FC's und Physiologie".

Der FC-2 erzeugt biologisch aktive Felder, welche die Schlacken nicht nur aus den Geweben und Organen lösen, sondern auch sofort über die Entgiftungskanäle abtransportieren, wobei man auch hier den Feldern des FC physiologisch zuarbeiten sollte, wie ich schon ausführlich im Bezug auf die toxischen Hinterlassenschaften der fehlgesteuerten Proteinbiosynthese geschrieben habe.
Der FC-2 wird z.B. bei Kopfschmerzen, aber auch bei Schmerzen allgemein, direkt auf den Schmerz für mehrere Minuten aufgelegt, so dass der Schmerz sich relativ schnell zurückzieht. Sollte man jedoch zu wenig Wasser trinken, so könnte hier die Ursache für den Kopfschmerz liegen. Minimal sollten täglich 2 Liter getrunken werden. Wer Kaffee trinkt, muss die doppelte Menge an Wasser

zum Ausgleich zusätzlich zu den 2 Ltr. trinken! Wasser ist wichtig für alle Prozesse, welche durch den FC-2 ausgelöst werden, insbesondere bei Regulationen im Bereich des Gehirns, des Blutes, der Lymphen oder der Nieren und natürlich auch zum Ausschwemmen. Aus Russland dokumentierte Anwendungsgebiete berichten von signifikanten Ergebnissen:

- *Entschlackung und Ausleitung von Toxinen aus dem Körper*
- *Hilfe bei der infektiösen Intoxikation*
- *Regeneration der Gefäße und Kapillaren*
- *Fördert Rehabilitation nach Schlaganfällen, Infarkten, Koma, Operationen, schweren Unfällen, Traumatas, Chemotherapie, Verbrennungen, Vergiftungen*
- *Bei Schwellungen und Gelenkschmerzen*
- *Normierung des Immunsystem*
- *Regulation den Stoffwechsel*
- *Löst Oxale (Blasen-, Gallen-, Nierensteine)*
- *Schnelle Regeneration bei Augen-, Atemwegs- und HNO-Erkrankungen*
- *Schmerzlindernd bei Kopf-, Zahn- und Gelenks- und Muskel-Schmerzen ...... und viele mehr.*

Ich rate dazu, zu Beginn den FC-2 in Kombination mit einer physiologischen Leberentgiftung zu machen *(siehe Anhang 2).*

FC-3 - "YIN-Platte"

Die biologisch aktiven Felder auf der Yin-Platte *(FC-3)* aktivieren körperliche Wiederherstellungsprogramme für den hormonellen Stoffwechsel. Es werden die stoffwechselaktiven Organe wie Schilddrüse, Pankreas, Leber oder Niere reguliert, oder besser gesagt, *korrigiert*. Weiterhin sind biogene Felder am Wirken welche die Regenrationsfähigkeit des gesamten Urogenital-Traktes tonisieren. Da der Hypothalamus als Schaltzentrale für das gesamte endokrine System eine Schlüsselrolle im Hormonstoffwechsel spielt, ebenso die Hypophyse, wird geraten, bei hormonellen oder geschlechtlichen Disharmonien *(psychisch wie physisch)* jeglicher Art, die FC-3

Platte für mehrere Minuten an den Scheitel zu legen und immer *(Tag und Nacht)* bei sich zu tragen.
Aus Russland dokumentierte Anwendungsgebiete berichten von signifikanten Ergebnissen:

- *Normierung des endokrinen Systems (Drüsensystem)*
- *Rejuvenation des Organismus, Verjüngung aller biologischen Systeme*
- *Regulator bei allen „Frauenleiden"*
- *Fettverbrennung*
- *Geweberegeneration (Cellulitis, ...)*
- *Normierung der Serotonin Ausschüttung*
- *Normierung des mikrobiellen Magenmilieus*
- *Normierung des Immunsystems*
- *Verbessert die Durchblutung des Gehirns*
- *Normiert den Biorhythmus des Gehirns, des zentralen Nervensystems und der inneren Organe*
- *Normiert die Säure-Basen- Regulation des Blutes*
- *Normierung des weiblichen Hormonstoffwechsels*
...... und viele mehr.

FC 4 - "Yang-Platte"

Die bioaktiven Felder auf der Yang-Platte *(FC-4)* sind ein Analog zur FC-3 Platte, nur auf den männlichen Hormonstoffwechsel bezogen. Für Kinder ist diese Platte nicht geeignet.
Mit der Geschlechtsreife, wenn der Hormonstoffwechsel anspringt, ändert sich das jedoch. Trägt man die FC-4 Platte ab der Adoleszenz, dann kann man sich eine Unmenge an Symptomen ersparen, die durch die Ausbrüche eines sub-optimal gesteuerten initialen Hormonstoffwechsels entstehen. Das macht sich vor allem an der Haut, sowie einer artgerechten geistigen, wie auch physischen Entwicklung bemerkbar. Hierzu kann es natürlich nach den wenigen Jahren, wo die FC-Platten auf dem Markt erhältlich sind, noch keine fundierten empirischen Erhebungen geben und so ist man eingeladen, seine eigenen Erfahrungen zu machen.

Aus Russland dokumentierte Anwendungsgebiete berichten von signifikanten Ergebnissen:

- *Normierung das endokrinen System*
- *Wiederherstellung der Sexualkraft*
- *Regulator bei allen "Männerleiden"*
- *Normierung des Urogenital-Traktes*
- *Normierung des männlichen Hormonstoffwechsels*
- *Rejuvenation des Organismus, Verjüngung aller biologischen Systeme*
- *Normiert den Haarwuchs (gegen graue Haare)*
- *Fettverbrennung*
- *Normierung des mikrobiellen Magenmilieus*
u.v.m.

FC-5 - *Bioregulator des inneren Systems*

Der universale Bioregulator, FC-5, enthält bioaktive Felder, welche die Regenerationsfähigkeit des Organismus auf ein Maximum anheben, weswegen er bei allen Erkrankungen in nur kurzer Zeit zu deutlichen Vitalwertverbesserungen führt. Da auch die Sucht eine schwere Form von Krankheit ist, wirkt der Bioregulator auch gegen alle Mechanismen, welche die Sucht unterstützen. Wenn man es jedoch nicht lassen kann, der sinnlichen Freude zu frönen, dann sollte man diese zumindest für 5 Minuten auf die FC-5 Platte legen. Man will sich ja nicht mehr als nötig vergiften, - und irgendwann hört man einfach ganz damit auf. Meine Beobachtungen gehen dahin, dass der FC-5 die synaptischen Verbindungen des Gehirns *korrigiert*, was sich auf den gesamten Bereich der Neurophysiologie und Neuroimmunologie auswirkt. Das einzige was man nun noch benötigt um von einer Droge wegzukommen, ist ein selbstbestimmter Wille!

Der FC-5 beinhaltet das verstärkte Programm zur Beschleunigung von Entgiftungsprozessen mit anschließender Regeneration von

Leber und Galle. Zudem gibt es ein Programm, das aus dem Gehirn Sucht-Programme löscht, die sich nach langem Alkohol-, Drogen- und Nikotin-Karrieren, als starre Gewohnheit etabliert haben. Das heißt, dass die Zellen eine Unmenge von Rezeptoren für die Suchtstoffe ausgebildet haben, die nun nicht mehr angesprochen werden sollen.

Hier kämpft der Geist gegen den Körper und mit der FC-5 Platte stehen die Chancen sehr gut, dass der Geist gewinnt, wodurch der Wille zur Abstinenz und Gesundheit gestärkt wird. Gibt es etwas stärkeres, als den Willen eines freien Wesens?

Aus Russland dokumentierte Anwendungsgebiete berichten von signifikanten Ergebnissen:

- *Drogen- und Genusssucht-Abstinenz*
- *Verstärkung von Entgiftungs- und Entwöhnungsprozessen*
- *Normierung der Leber (Zirrhose, Hepatitis, Cholezystitis)*
- *Normierung der Bronchien und Atemwege*
- *Normierung der Bauchspeicheldrüse und Milz*
- *Regeneration des gesamten Gastrointestinal-Traktes*
- *Normierung aller Krankheiten (Schlaganfall, Infarkt,..)*
- *Normierung von Blut und Lymphe*
- *Normierung und Reinigung der Nieren*
- *Harmonisierung des Zentralnervensystems,*
u.v.m.

Egal wie viele Krankheiten man aufzählen würde, es gäbe immer noch welche, die fehlen würden. Deshalb lasse ich die Liste kurz und knackig und mache vielmehr darauf aufmerksam, dass dies die FC-Platte zur Regeneration aller Krankheiten ist. Sie wirkt sich im inneren System aus indem sie alle Abläufe dort in ihre höchste Ordnung bringt.

Ein Fall ist mir bekannt, in dem ein älterer Mann *(78 J.)* einen schweren Schlaganfall erlitt. Die geistige Klarheit, sowie die Sehfähigkeit waren stark angeschlagen und nach den Worten der behandelnden Ärzte gab es keine Chance mehr zur Erholung. Mit der FC-5 Platte unter dem Kopfkissen nahm seine geistige Klarheit dermaßen zu, dass er bereits nach dem Augenöffnen wieder klar da war. Seine Sehkraft, sowie all seine Vitalwerte verbesserten sich, - ganz deutlich im Bereich der Tätigkeit der Bauchspeicheldrüse. Das ganze ereignete sich in nur 14 Tagen und wurde durch den Verzehr von viel mit FC-5 strukturiertem Wasser zu einer lebensqualitäts-verbessernden Maßnahme. Die FC-5 Platte positioniert man am besten im Bereich des Kopfes, weil dort die Regeneration des Systems ihren Ursprung findet.

FC-6 – Innere Hautstruktur

Die Haut ist ein Grenzflächenorgan, was schon einmal kurz angesprochen wurde. Sie ist die Grenzfläche, in der das äußere System in das innere System übergeht. Die Haut ist durch sensible Nerven *(Gefühlsnerven)* in so genannte *Dermatome* eingeteilt. Mit *Dermatom* bezeichnet man ein von Spinalnerven versorgtes segmentales Hautgebiet, aus dem alle auftreffenden Impulse zum Zentralnervensystem *(ZNS)* hingeleitet werden. Spinalnerven treten aus dem Rückenmark aus und vernetzen sich in die *Dermatome*.
Über das ZNS gelangen dann die Impulse *(afferent)* ins Gehirn zur „Verarbeitung". Erst wenn das Gehirn die Signale bearbeitet hat, erfolgt von dort ein Impuls an das Erfolgsorgan *(z.B. Leber)*, um es zu einer Aktion zu bringen.

Was hat das alles mit der Haut zu tun? – Sehr viel! –
Die Haut ist der kausale Sammelpunkt aller äußeren biogenen Signale, die jedoch nur dann biologisch aktiv sein können, wenn sie durch die Hautfunktionen optimal verarbeitet werden können.
Stellen Sie sich vor, die Haut wäre der Dolmetscher zwischen Ihnen und einen fremdländisch Sprechenden, den Sie ohne Übersetzer nicht verstehen könnten. Was würde wohl passieren, wenn der Fremde mit Ihnen ein wichtiges Gespräch führt und der Übersetzer nur Bruchteile davon wieder gibt? – Es läge eine gestörte Kommunikation vor. Genauso ist das auch mit unserem Körper, wobei die Haut der Übersetzer von Energie und Information ist. Die bioaktiven Felder des FC-6 wurden daher geschaffen, um vordergründig die innere Struktur der Haut zu harmonisieren, - sie

in ihrem Aufbau und in ihrer Funktionalität zu normieren, damit die
äußere Kommunikation und die daraus folgende innere Umsetzung
immer mehr synchronisiert werden, bis sie am Ende zu einer
harmonischen Bewegung im Takt des Universums werden.
Aus Russland dokumentierte Anwendungsgebiete berichten von
signifikanten Ergebnissen:

- *Regulation des Wasserhaushaltes der Haut*
- *Normiert den Kollagenstoffwechsel*
- *Normiert Akne sowie alle dermatologischen Erkrankungen*
- *Normierung der Hautzell-Expression*
- *Verjüngung der Haut (Falten, Altersflecken, Cellulitis ....)*
- *Tiefenreinigung und Regeneration*
- *Normiert die zelluläre Kommunikation*
- *Normierung des mikrobiellen Hautmilieu*
- *Normierung der Stammzellproduktion*
- *Harmonisierung aller Dermatome*
- *Normierung der Gewebe- und Gelenksflüssigkeit*
- *Normierung von Augenleiden, Gelenk- und Herz-Kreislauf-*
  Erkrankungen
- *Normierung der Haut-Säure-Base-Fluten*
- *Regeneration des Kapillarsystems*
- *Normierung der Nebennieren und Schilddrüse*
- *Regeneration der Gefäße bei Schlaganfall, Krampfadern,*
  Ödeme oder Thrombosen
- *Regulation des Kohlehydrat- (Gluconeogenese) und*
  Hormonstoffwechsels, sowie der Elektrolyte und des
  Nervensystems.
u.v.m.

Sie merken, dass diese Liste etwas länger ist, was an den vielen
biologisch aktiven Feldern liegt, welche in der FC-6 Platte enthalten
sind. Aus diesem Grund ist es erforderlich, sich erst langsam mit
dem FC-1 und 2 von innen nach außen aufzubauen. Nur selten wird
beim Bau am Dach des Hauses begonnen.

FK 7 – Hautnahrung und Anpassung

In Russland hat man sich entschieden, den rein kosmetischen Aspekt zu beleuchten. Ich gehe vielmehr davon aus, dass sich Gesundheit durch die innere und äußere Schönheit ausdrückt.
Alle biologischen Systeme arbeiten nach dem gleichen Ur-Prinzip: *EVA* – Eingabe – Verarbeitung – Ausgabe.
Auch unsere gesamte Technologie arbeitet nach diesem trinären Prinzip. Die Haut ist das einzige Organ, in dem immer alle Prozesse, - in beiden Richtungen ablaufen! - weswegen sie unter einer messbaren Spannung steht. Die Punkte ohne Hautwiderstand nennt man übrigens *Akupunktur-Punkte*, über welche sich die Spannungs-potenziale der Haut steuern lassen, und die wirken sich auf alle Organe und Gewebe aus. Um die Haut in die finale Harmonie und Funktion zu führen, wurde diese FC-Platte mit einer besonders hohen Dichte an regenerativen und entgiftenden Feldern versehen.
Es ist deshalb nicht ratsam, diese Platte unter das Kopfkissen zu legen, - schon gar nicht zu Beginn seiner FC-Karriere, - da der Organismus dadurch so aktiviert werden kann, dass es zu Schlaf-störungen kommen kann.
Oft habe ich in diesem Zusammenhang schon gehört, dass Menschen in diesem Zustand eine halbwache Nacht verbracht haben, am nächsten Tag jedoch nichts von einem Müdigkeits-einbruch zu spüren bekamen. Ein interessantes Phänomen!

Damit das Wesen wieder ein Teil des kosmischen Systems werden kann, muss die Haut normiert werden, was gleichsam ein starker energetischer Eingriff in die inneren und äußeren Energiefelder des Wesens ist. Man erhält während und nach der Normierung immer mehr „*saubere*" Impulse, die sich auf die gesamte Neuroplastizität auswirken und damit auf die Art und Weise wie man denkt, fühlt und das in eine Handlung umsetzt. So kondensiert sich Energie in feste Materie, - die gute Gesundheit der Haut ist dabei das Einganstor!

Aus Russland dokumentierte Anwendungsgebiete berichten von signifikanten Ergebnissen:

- *Normierung des Stoffwechsels*
- *Regeneration und Synchronisation aller Hautschichten*
- *Normierung des Gewebes (Schwellungen, Dekubitus,...)*
- *Normierung des individuellen Teint*
- *Verjüngung der gesamten Haut*
- *Schutz und Nährstoffregulation*
- *Normiert die Haut- und Gewebeerneuerung*
- *Reguliert alle Arten von Hauterkrankungen*
- *Normiert die Hormonproduktion der Schilddrüse*
- *Aktiviert antioxidative Systeme*
- *Normiert Blutwerte (Hämoglobin, Ca-Gehalt, ...)*
- *Regeneration des Bindegewebes (Gelenke, Muskeln, Sehnen)*
- *Schnelle Regeneration nach Knochenbrüchen und operativen Eingriffen.*
- *Normierung der Skelettmuskulatur*

u.s.w.

Auch der FC-7 eignet sich zum Aufladen von Badezusätzen, Körperpflegeprodukten, Salben, Tinkturen, sowie alles Weitere, was man für die Körperhygiene eben so verwendet. Auch Waschmittel und aromatische Weichspüler kann man mit dem FC-7 entgiften und legt man Zigaretten darauf, dann werden alle Gewebeschädigenden Energien im Tabak in eine körperkonforme Schwingung gebracht, was jedoch nicht heißt, dass Rauchen dadurch gesund ist. Im Gegenteil: Eine mit den Platten gereinigte Zigarette schmeckt sehr verändert und so ist es nur eine Frage der Zeit, bis man ganz davon ablässt. Auch dieser Prozess verläuft ganz harmonisch und kaum wahrnehmbar, was immer ein Zeichen naturrichtiger Bewegung ist.

FC-8 – Biofeldregulator für Innen und Außen

Der FC-8 reguliert den Biorhythmus des gesamten biologischen Systems, was sich unter anderem auch auf die Innere Uhr und die Säure-/Basen-Fluten auswirkt. So kann sich das innere System nicht nur Zeitverschiebungen besser anpassen, sondern generell sensibler auf äußere Einflüsse reagieren. Wichtig ist dies für alle Menschen, die noch mit den Folgen der unsinnigen Zeitumstellung konfrontiert sind. Wegen der massiven Auswirkungen auf die innere Uhr, haben die Russen damit aufgehört! Mit diesem Blödsinn bringt man das ganze innere System durcheinander, was sich natürlich negativ auf die Gesundheit auswirkt. Der FC-8 bietet hier einen guten präventiven Schutz. Einige der dominanten Schwerpunkte beruhen auf der Harmonisierung des Nervensystems sowie der Säure-Basen-Harmonie. Beides sind primäre Faktoren einer stabilen Gesundheit und eines harmonischen Lebens. Stress schädigt nicht nur durch physiologisch toxisch wirkende Nebenprodukte des Cortisol-Metabolismus, - Stress verursacht auch die Ausschüttung des astralen Nervengiftes „Imperil"[8], das sich entlang der Nervenbahnen verteilt wodurch es den Fluss der Prana-Energie hemmt, zum anderen verhindert es damit auch die Errichtung ätherisch-astraler Brücken, was sich bewusstseinsdegenerativ auswirkt.

Wichtig, um zur inneren Ordnung zu kommen, ist dabei der Schlaf, sowie die Ausschüttung emotionaler Regulationshormone, Seroto-nin und Melatonin. Beides als Substanz verboten, oder nur schwer erhältlich. Die biologisch aktiven Felder hingegen, welche die Rezeptoren der Neuronen ansprechen, sowie die Funktionen der Hypophyse normieren, können frei genutzt werden.
Mit dem FC-8 lässt sich daher eine Optimierung des gesamten Systems erreichen, sowie die Stabilisierung einer hohen Ordnung.
Ein derartiges Feld heilt Körper, Geist und Seele, weswegen der FC-8 auch gerne zur Meditation verwendet wird. Er verschafft tiefe Ent-spannungszustände, deutliche Visionen und ermöglicht dadurch die Weckung der inneren Wahrnehmung.
Wegen seiner hormonregulierenden Felder sollte man den FC-8 zum Schlafen unter das Kopfkissen legen. Besonders während des Schla-fes *korrigiert* der FC-8 Störungen in allen Funktionssystemen des Organismus.

---

[8] Agni Yoga (Licht-Yoga), Spirale Verlag, Linz (Austria).

Wenn wir schlafen, dann arbeitet, regeneriert, festigt und repariert sich das biologische System des Organismus. Die Melatonin-Ausschüttung ist dabei fundamental wichtig, damit man in die regenerativen Tiefschlafphasen gelangt. Den meisten chronischen Krankheitsbildern wie z.b. Diabetes, Herz-Kreislauf-Erkrankungen, Katarakten, Asthma oder Depressionen, liegt eine verminderte Synthesefähigkeit von Melatonin zugrunde. Melatonin ist eines der stärksten natürlichen Antioxidantien und Immunmodulatoren, die unsere Zellen und das Gewebe schützen. Das Phänomen der Alterung ist dabei auf vielerlei Art und Weise an die Melatoninproduktion gekoppelt und so versteht es sich von selbst, dass Altern mit einem Melatonindefizit gekoppelt ist, - bzw. das Altern eine Folge davon ist.

Mit der Anregung dieses rejuvenierenden Hormons, kann man an der Altersschraube drehen, was sich zuerst auf die Organe und Gewebe auswirkt, bevor es nach außen hin, immer mehr und mehr, sichtbar wird.

Während dem regenerativen Tiefschlaf wird in unserem Körper die Arbeit aller inneren Organe normalisiert, die Muskeln entspannen sich, das Nervensystem beruhigt sich, und das Gehirn schafft es nun, die Tagesinformation fertig zu verarbeiten. Der Organismus versucht, sich gesund zu machen, in dem er sich in die höchste vorhandene Ordnung einschwingt. Die FC8-Platte unterstützt ihn dabei durch ihre biologisch aktiven Signale.

Aus Russland dokumentierte Anwendungsgebiete berichten von signifikanten Ergebnissen:

- *Rejuvenation des gesamten Systems*
- *Regulation der Zirbeldrüse (Melatonin)*
- *Regulation der Schilddrüse (Thyroxin)*
- *Regeneration des Drüsen-Systems*
- *Regulation des Hormonstoffwechsels*
- *Regulation der Stammzellen-Ausschüttung*
- *Harmonisierung bei allen chronischen Erkrankungen*
- *Harmonisierung des zentrale Nervensystem*
- *Regulation des Blutdrucks*
- *Degenerations-Prävention ab dem 30. Lebensjahr*
- *Stimulation kognitiven Denkens*

- *Harmonisierung der gesamten Biosphäre*
- *Regulation der Proteinbiosynthese (Sirtuin)*
u.v.m.

Ich habe bei meiner Ausführung zu den FC-Platten bewusst darauf verzichtet, Litaneien an symptomatischen Wirkungen aufzuzählen. Die FC-Platten sind keine Medizingeräte! – Das sind Relikte der alten Welt, die allesamt nur sub-optimal wirken, weil sie nichts an der verlorenen göttlichen Ordnung wieder bringen, - im Gegenteil, sie verschlechtern die Ordnung des gesamten Systems für einen kurzen Moment einer imaginären Entspannung.

In der Neuen Welt entsteht ein neues Denken, - ein einfaches Denken, das sich an den von Gott gegebenen Ordnungsfeldern orientiert. Man gewährt der höheren Ordnung vertrauensvoll Einlass und sollte nicht anfangen, diese rational zu separieren. Alles andere passiert von ganz alleine und muss nur noch angenommen werden!

Die *grünen* FC-Platten

Neben den blauen FC-Platten gibt es insgesamt noch 5 *grüne* FC-Platten. Diese unterscheiden sich voneinander dadurch, dass die blauen FC's durch DNA-Kohärenz den Körper mit spezifischen skalaren Wellen aktivieren, - also auf einzelne Nebenwege entlang des Hauptpfades einwirken.

Die grünen Platten hingegen sind einzelne Aspekte des Hauptpfades, die von den Nebenpfaden auf den Hauptpfad führen. Sie rufen das Wesen auf, sich nun vom Nebenpfad auf den Hauptpfad zu begeben und auf das Ziel am Ende des Hauptpfades zuzusteuern. Die Platten arbeiten mit sehr hohen Energiefeldern, weswegen es nötig ist, das biologische System in eine Ordnung zu bringen, damit sich evolutionäre Wechselwirkungen einstellen können.

Um Resonanz zu diesen Energiefeldern zu bekommen, sollte mit den blauen Platten die Grundvoraussetzung geschaffen werden.

Ebenso wichtig ist es, dass man immer genügend Reduktions-potenzial in Form von frei verfügbaren Elektronen im Körper hat. In einem übersäuerten Lebensumfeld bedarf dieses Anliegen der aktiven Intervention durch die tägliche Einnahme von *FC-H⁻* und der *FC-OH⁻*. Ohne Elektronen gibt es keinen aktiven Austausch!

Die grünen FC-Platten umfassen insgesamt fünf Themenbereiche, die ich nun nachfolgend benennen möchte.

Wahrhaftige Liebe

Wahre Liebe kann nur entstehen, wenn alle Ängste aus dem Herzen gewichen sind. Nur so kann ein liebendes Herz nach kosmischen Impulsen schwingen. Die Überwindung der Ängste ist der Eingang zur Liebe und das erfordert Mut und die Fähigkeit in eine höhere Wahrnehmungsfähigkeit zu kommen. In der Autoregulativpsycholo-gie wird hier die **innere Freiheit** als kausaler Faktor des Selbst angesprochen und in seiner Höherschwingung unterstützt. Jede Form der Angst, steht gegen die Entfaltung der inneren Freiheit, weswegen die hohen Ordnungsfelder dieser Platte, genau dort ansetzen. Man kann die Wirkung nicht spezifizieren, denn jeder Mensch hat andere Ängste und Blockaden, die im Prinzip nur eines gemeinsam haben: Sie machen unfrei.
Erst wenn man innerlich frei ist, kann man sich in die göttliche Liebesschwingung einschwingen und als ein Teil davon, auch etwas von dieser Liebe nach außen abgeben. Diese Platte hilft dabei, einen Zugang zu seinem kosmischen Selbst auf der physischen, grob stofflichen Ebene zu bekommen, aus der Lieblosigkeit auszubrechen und zu einer höheren Wahrnehmung der Dinge zu kommen, welche Schmerz bereiten und unfrei machen. Dort wo man Probleme wahr nimmt, dort wartet auch ein großes Geschenk auf einen, sofern man die Probleme löst. In Situationen der Harmonie entfaltet die Platte ein Kraftpotenzial, das zu ungeahnten Emotionen aus der Tiefe des Herzens führt. In Situationen der Prüfung hingegen, werden die Emotionen gedämpft und die Aufmerksamkeit geklärt, woraus eine neue Form des Verstehens entsteht, die zu keinen inneren und vor

allem karmischen Bindungen mehr führt, sofern man bewusst in diesem Prozess mitwirkt.

In der *Liebesplatte* findet sich das maximale Bewusstseinspotenzial, das dem Wesen in der unbewussten Ätherwelt zur Verfügung steht. Erst über die kosmische Liebe gelangt man in die astralen Bewusstseinswelten, in denen es keine Ängste, Begrenzungen sowie alle weiteren Formen der Selbstboykottage und Unfreiheit mehr gibt.

Fülle und Erfolg

Wer gut verdient, strengt sich nicht an. Wer sich anstrengt, verdient nicht gut. Konfuzius

Bei uns läuft die Doktrin anders: *Ohne Fleiß, keinen Preis!* – Damit haben wir nun lauter reiche Arme, da wir nur durch das reich werden, was auf der materiellen Ebene als Abgrenzung erscheint, - wodurch man sich über andere stellen will, - sich von ihnen abgrenzt und dadurch alleine und armselig wird.
Hier werden Lüscher's Autoregulativ-Faktoren der *Selbstachtung* und *Zufriedenheit* angesprochen, die dem Wertedenken des Menschen zugrunde liegen. Das Wertedenken ist das älteste Denken das wir haben, da es aus der unbewussten Kleinkindheit hervorgeht, - wenn das Kind sich den Eltern anzupassen versucht, damit es harmonische Schwingungsfelder von ihnen erhält. Dabei etabliert sich ein Wertedenken, das unser ganzen Leben prägt. Das Wertedenken ist damit auch der bewegende Moment des Egos, das man ebenfalls als System verstehen muss, in das Information *(Werte)* und Energie *(Wille oder „innerer Schwinehund")* gegeben werden müssen, damit es anspringt.
Der einzige Weg, um das Ego aus den rationalen erwachsenen Denkstrukturen zu regulieren, ist die Findung der eigenen Werte, die nie materieller Natur sein können. Trägt man inneren Reichtum und Harmonie in sich, so wird sich das auch auf der äußeren Ebene manifestieren, weil alles im Universum auf Resonanz aufgebaut ist.
Ähnliches zieht ähnliches an und so wie man in den Wald schreit, so kommt es zurück. Leider können wir uns nicht mehr daran erinnern,

dass wir in den Wald geschrien haben, - wir hören meist nur noch das, was aus dem Wald kommt und wundern uns, wer uns da so übel beschimpft!

Diesem Beispiel folgend, sind die Energien dieser Platte darauf ausgerichtet, die ganze Aufmerksamkeit auf den *Ur-Schrei* zu richten um sich bewusst zu werden, dass wir das selbst sind, die da so garstig in den Wald schreien. Erst jetzt werden wir etwas an der Wahl unserer Worte tun können und siehe da, - die Klänge aus dem Wald werden freundlicher.

Das ist der Mechanismus, den jedoch jeder anders erleben wird.

Eines jedenfalls werden alle Träger dieser Platte gemeinsam haben, nämlich dass sie sich immer mehr fragen werden, was sie eigentlich wirklich wollen. Wenn man das einmal weiß, dann wird es darum gehen, seine Neigungen und sein Wertedenken darauf zu verwenden, um in und um sich immer mehr Harmoniefaktoren zu erschaffen, bis man irgendwann einmal auf der Frequenz der Zufriedenheit und Selbstachtung schwingt, so dass sich daraus synchrone Wechselwirkungen mit der harmonischen Eigenschwingung einstellen, - die sog. *„geführte Bewegung"* oder der *„Einklang"*, also innen wie außen, ohne die Widerstände des Selbstboykotts eines fehlgeleiteten Ego's. Ein Leben voller Fülle ohne Anstrengung ist das Resultat eines neu definierten Wertedenkens, welches das eigene Wohl, sowie das Wohl aller anderen gleichwohl berücksichtigt.

Sowohl das Wertedenken wie auch die Selbstachtung unterliegen einer manipulierten Konditionierung, wodurch es sehr schwer in dem vorhandenen Ordnungs- und Informationsfeldern ist, sich daraus zu befreien. Mit der FC-Erfolgsplatte erhöht man die Ordnung und erhält höherwertige Informationen, welche sich auf das Wertedenken und darüber hinaus, auf die Selbstachtung auswirken, da man ja nur in dem Maße andere achten kann, wie man in der Lage ist sich selbst zu achten und zu respektieren.

Was man also braucht um erfolgreich zu werden, ist Bewusstheit für die einfachen Zusammenhänge des komplex strukturierten Lebens. Die Felder der FC-Platte beginnen sofort zu vibrieren, wenn Gefahr für den Erfolg in Anzug ist. Der Träger muss nur die Fähigkeit aufbauen, die veränderten Impulse bewusst wahrzunehmen und auf einmal geht alles wie von selbst. Als positiver Nebeneffekt können sich dabei alle Strukturen von Existenzstress und Angst auflösen, so dass man zu wirklichem Reichtum gelangen kann, bei dem das Maß der Harmonie höher bewertet wird, als die Fülle des Girokontos.

Transzendale(r) Frau und Mann

Um die Ordnungsfelder dieser Platte zu verstehen, muss man Mann und Frau als einen energetischen Ordnungszustand betrachten. Die Frau *(Yin)* ist in erster Linie Wasser und Erdenergie, wohingegen der Mann *(Yang)* das Feuer und die Luft darstellt. Jeder der Partner trägt dabei die Einheit aller Elemente stets in sich, erkennt sie jedoch erst in der Vereinigung mit dem dualen Gegensatz, in dem diese offenkundig hervortreten. Alles in einem dualen Universum sucht den Weg zur Einheit! - So muss sich jeder nach den Yin und Yang-Energien zusammenfinden, um damit zur bewussten Einheit zu werden. Partnerschaften, in denen die Einheit der Elemente eingetreten ist erkennt man daran, dass beide Partner als geschlossene Einheit wirken. In einer solchen Beziehung entsteht die ungeheure schöpferische Kraft, die sich immer mehr ihrer Einheit bewusst wird, wodurch Tore auf eine nächst höhere Ebene aufgehen, - die Fähigkeit der *DU-Wahrnehmung!* Die intensive emotionale Verbindung in der Partnerschaft soll dazu qualifizieren, dieselbe zwischen-menschliche Qualität auch ohne der emotionalen Triebfeder entstehen zu lassen, um zum Bewusstsein zu führen, dass wir alle ein individueller Teil eines Ganzen sind, wodurch jeder gleichwertig ist.

Entstehen also Partnerschaften aus den niederen Bedürfnissen eines fehlgeleiteten Wertedenkens, dann korrelieren diese Energiepotenziale, - es kann sich keine Resonanz einstellen, oder nur so wenig, dass die Bewegungsenergie aus dieser Beziehung degenerativ, blockierend wirkt.
So liegt das Augenmerk bei dieser Platte auf der Bildung einer bewussteren Wahrnehmung der Element-Energien, die nicht mit

materiellen Bewertungskriterien in Einklang zu bringen sind. Um dies zu erreichen befinden sich in den Platten Felder analoger Naturprinzipien, die man an Kraftorten vorfindet, in denen sich alle Elemente zu einem harmonischen, kraftvollen Gleichklang vereinen. Die Natur bahnt auf die ihre Weise die Wege zur Vereinigung der Elemente und genau dieses Prinzip wirkt auch in den Platten.

Sie öffnen die Wege, dass Mann und Frau die angelegten Elementenergien kultivieren und kraftvoll nach außen absenden können, damit sie einen geeigneten Resonanz- oder Seelenpartner finden können. Es schwingen dabei immer mehr die Wellen der harmonischen Eigenfrequenz und nicht die Wellen der rationalen Imagination, die man selbst von sich hat, wie man auf andere wirkt und wie andere über einen denken.
Die Energien helfen, sich mit seiner Eigenbewegung zu bewegen, die eigene Atmung und Art des Redens zu finden und zu kultivieren; - man wird in seinem ganzen Sein zu dem was man ist, sofern man an diesem Prozess aktiv teilnimmt. Dadurch entstehen stärkere Resonanzbrücken zu den Elementenergien, mit denen man sich vereinen soll. In meinem Individualisierungsprogramm kann man erlernen, wie man täglich ein Stückchen näher an das wahre Selbst gelangt.

Bei bestehenden Partnerschaften korrigieren sie die resonanten Einheitsschwingungen von Mann und Frau und fördern gleichzeitig das Potenzial der Partner weitere Resonanzbrücken miteinander aufzubauen, was sich als ein Segen für die Partnerschaft und das Umfeld erweisen kann. Da das männliche und weibliche Prinzip auch auf die Eltern reflektiert *(Adoleszenz)*, findet auch in dieser, oft mit Karma behafteten Beziehung, eine Korrektur zu mehr Harmonie statt und führt zu einem selbstbestimmten Leben innerhalb der Partnerschaft.

Generationen Platte

Diese FC-Platte wurde speziell für die Kinder dieser Zeit entwickelt, die in einem vergifteten Umfeld neue evolutionäre Wege gehen sollen. Um Ihnen den ganz *alltäglichen Wahnsinn* zu erleichtern und damit sie sich artgerecht in einer Sphäre der Liebe entwickeln können, wurden Felder erschaffen, die ihre artgerechte Entwicklung auf allen Ebenen fördern. Dies tun sie, indem sie die bestehenden Bindungen zu den Eltern intensivieren und die Eltern mit ihrem verletzten Kind konfrontieren. Gemeinsam können sie in diesem Prozess nur gewinnen.

Das Kind hat eine lichtvolle Sphäre der Entwicklung und die Eltern können sich von unbewussten Kindheitsstrukturen loslösen um damit so frei, wie ihr Kind zu werden.

Es entsteht eine sehr intensive Bindung auf der emotionalen Kommunikationsebene, die unglaubliche Glückseligkeitszustände innerhalb der familiären Gemeinschaft hervorrufen kann. So kann eine einzigartige Familienharmonie erzeugt werden, die wie die Sonne, neues Leben einer hohen Ordnung hervorbringt. In diesem Licht erblühen alle individuellen Anlagen eines Wesens, - die der Eltern ebenso, wie die des Kindes.

Man sollte dem Kind so früh wie möglich die Platte geben, damit sich das schnell heranwachsende Leben optimal entfalten kann.
Kinder dieser Zeit sollten vor allem mental gefördert und nicht rational gebrochen werden. Man muss als Eltern einen Blick für die Talente bekommen und das Kind darin fördern und man muss aufhören, Kinder beherrschen zu wollen; - sie brauchen eine vorbildhafte Führung mit ehrlichem, offenen Herzen und viel Aufmerksamkeit, - sie wollen in Liebe geführt und akzeptiert werden, so wie sie sind und nicht so, wie die Eltern sie gerne hätten.

Die Platten unterstützen dabei jeden zielführenden Prozess in eine höhere Ordnung und machen alle Abweichungen von der göttlichen Norm bewusst, sofern die Energie der Aufmerksamkeit zugegen ist.
Natürlich erschaffen die Platten auch an Orten wie den Kinder-garten oder der Schule höchste Ordnungsfelder, in welche auch die

Betreuer und Lehrer involviert werden. Die Platte ist zwar speziell für Kinder entwickelt worden, jedoch können auch Erwachsene diese Platte verwenden, wenn z.b. eine sehr schwer abzuarbeitende Kindheit mit vielen Verletzungen und Einschränkungen vorlag. Die Energiefelder der Platte öffnen einen Weg zum *inneren Kind* um es aus den Trübsal in die kindliche Unbefangenheit und Leichtigkeit zurückzubringen.

Aus den Augen eines Kindes ist die Welt ein großer Abenteuerspielplatz und keine Kloake aus ökonomisierten Bewegungen wider die Natur. Kinder wissen nichts von den Problemen und das ist auch gut so. Sie sollen doch alles besser machen und sich nicht an den Auswirkungen unserer Taten orientieren!

Zu den grünen FC-Platten kann man keine spezifischen Aussagen machen, weil die Wirkung genauso nicht-linearer Natur ist, wie der Mensch selbst. Aus diesem Grund spreche ich nur von einer hohen Ordnung, weil nach den Themen-Komplexen der Platten das Umfeld des Trägers mit Impulsen aus einer höheren Ordnung angereichert wird, die ohne die FC-Platte nicht erreichbar wäre.

Was die Impulse im System auslösen das muss jeder selbst herausfinden, indem er seine innere Wahrnehmung schult und seine Gedanken und Gefühle aus der Sicht des Beobachters lernt wahrzunehmen. Ohne Hilfe ist das ein sehr schweres Unterfangen, jedoch helfen die Platten bei einer entsprechenden Anpassung der Lebensgewohnheiten, an die höhere Ordnung zu adaptieren. Sie helfen die innere Wahrnehmung zu wecken und sie machen Lust darauf, das mentale Potenzial zu ergründen und es zum Wohle der Schöpfung einzusetzen. Je mehr Reinheit man im Geist und im Herzen erschafft, desto mehr steigt die Kraft der Mentalsteuerung und desto mehr erwacht das Bewusstsein der göttlichen ICH BIN Gegenwart, wodurch ein neuer Zyklus des Seins erreicht werden kann.

Viele Menschen kommen über Krankheiten zu einen höherem Bewusstsein, weil sie angefangen haben, ihre Aufmerksamkeit auf ihre Gesundheit zu richten und sich mit sich selbst auseinandergesetzt haben, woraus ein Bewusstsein für kausale Prozesse des Lebens entstanden ist. Sie haben sich als die Ursache der Umstände

erkannt! – Sie haben sich geändert, - zuerst ihr Denken und am Ende ihren Charakter, - ihr ganzes Wesen. Damit haben sie angefangen, durch Eigenveränderung ihre materielle Realität zu verändern, in welcher sie jedoch gelernt haben, nur mit den Auswirkungen umzugehen, - solange bis es richtig weh tat. So lässt sich verstehen, dass der Schmerz aus höherer Sicht der Dinge nichts Negatives ist, sondern der Initiator zu einer positiven Entwicklung. Dies gilt jedoch nur solange, wie es ein Schmerz der Regeneration wird und kein Schmerz der Degeneration bleibt!
Beides sollte unterschieden werden können, denn nicht immer gehen große Veränderungen ohne Schmerzen ab, - emotional wie auch physisch.

Aus diesem Grund gibt es um die FC-Platten auch Praxiskurse, welche dazu dienen und animieren, mit den Energien bewusst umzugehen und den Geist zu schulen. Alles ist da, - was fehlt, ist das Bewusstsein, dies zu erkennen.

Das alles ist Meditation: Ihr Haus in vollkommene Ordnung zu bringen, so dass es keinen Konflikt, kein Messen gibt, und dann ist in diesem Haus Liebe, dann kann der Inhalt des Geistes, der sein Bewusstsein ist, vollkommen von dem "Ich", vom "Ego", vom "Du" entleert werden. Krishnamurti

Flieder-Platten (CEM)

Bei den lilafarbenen FC-Platten begegnen wir einer neuen Generation integrativer Energiemedizin. Die russische Teilchenphysikerin und *Cosmo Energetic* Großmeisterin *Marina Zaporozhets* hat diese besonderen FC-Platten *infundiert*. Das bedeutet, dass sie in die grobstofflichen *Energiewaben* von ätherischen oder astralen Energieschwingungen, feinstoffliche *Cosmo Energetic (CEM)* Signaturen als hoch geordnete Steuerimpulse integriert hat.

Die Kombination der von Koltsov entwickelten Skalartechnologie erlaubt es nun, die höheren CEM-Energien, für die die Zellen meist noch gar keine Resonanz aufweisen *(zu hoch schwingend)*, über resonante Ordnungsschwingungen einer gröberen Stofflichkeit, in das offene, jedoch resonanzunfähige System einzuschleusen. Die CEM Signaturen wirken daher aus der Struktur der grobstofflichen Ordnungsschwingungen, wie man sie z.b. aus Pflanzen *(ätherische Energien)* oder aus Edelsteinen *(astrale Energien)*, kombiniert verwendet.

Dabei bedarf es eines sensiblen Gespürs für Energien.
Immerhin sollen die Platten Energiefelder höchster Ordnung über mindestens 4 energetische Ebenen korrigieren!
Marina hat jedoch nicht nur die Fähigkeit Energiemuster mental zu einer kohärenten und harmonischen Signatur zu verbinden, - sie kann auch die Verläufe der Energie sowie deren Qualität, insbesondere in der Auswirkung auf *(biologische)* Systeme, mit ihren inneren Augen sehen.

Das macht sie zu einem begehrenswerten Medium in der modernen Wissenschaft. In den Jahren davor, arbeitete *Marina* mit dem russischen Spitzenwissenschaftler *Dr. Yury Kronn* zusammen, sowie mit dem amerikanischen Top Wissenschaftler, *Prof. Dr. Joie Jones*, um nur einige zu benennen. *Marina* war in allen Experimenten die initiierende Kraft, welche die Energien sehen, bewerten und verändern konnte, wodurch einzigartige *Energy-Tools* wie z.b. die Quantenwässer aus der *Vital-Force Technology* von Dr. Kronn, mit denen er es schaffte, *Marina's* Energiesignaturen irreversibel in die Gitter von Mineralstrukturen einzubinden, entstanden sind.
In strukturiertem Wasser aufgelöst, haben diese Wässer eine ähnliche Wirkung, wie die neuen FC-Platten. Sie haben nur einen Nachteil: Sie brauchen sich viel schneller auf als die FC-Platten.

Die FC-Platten mit den konzentrierten *CEM-Signaturen* von *Marina* sind nach meiner Einschätzung die derzeit stärksten und umfangreichsten Energie-Geräte, die man für bezahlbares Geld erwerben kann. Allerdings lassen sie sich nicht einfach so beschreiben wie ein Rezept aus einem Kochbuch.

Der Umgang mit diesen Platten erfordert eine Portion bewusster Aufmerksamkeit! Als langjähriger Schüler von *Marina* kenne ich die Kanäle die sie verwendet hat und werde daher versuchen, eine möglichst verständliche Form zu finden, die Wirkweise dem menschlichen Verständnis näher zu bringen. Jeder Kanal ist wie ein Bild, das beliebig viele Interpretationen zulässt, - je nach Betrachter. Man kann aber sagen, dass man vor einem Landschaftsbild oder einem Portrait steht. Dies ist die einzige Orientierung die geboten werden kann. Die Wirkung der Kanäle beruht nun darauf, dass sie das individuelle Empfinden des Betrachters dahin korrigieren, wie es seiner Wesensnatur entspricht, - seiner wahren Wesensnatur und nicht dem konditionierten, vom sinnlichen Ego gesteuerten Abbild seines Selbst. Je mehr der Mensch zu sich selbst kommt, desto freier kann er sein Wesen entwickeln. Wie eine Raupe geht die Evolution vom instinktgesteuerten Wesen über zum selbstbestimmten Individualisten, der sich im Kokon, eingesponnen von seinen Gedankenmustern, entwickelt.

Mit wachsender Bewusstheit fängt der selbstbestimmte Mensch an, sich aus dem Kokon seiner prägenden Gedanken zu befreien, um seiner Bestimmung als Individuum im Kollektiv zu folgen. So leistet jeder auf seine ureigene Art seinen Beitrag zum Gelingen des Ganzen. Die neuen FC-Platten sind daher als unsichtbare Helfer zu verstehen, die den Menschen zu seinem Wesenskern führen und ihm dabei helfen, sich aus den alten Verstrickungen seines fehlgeleiteten Denkens zu befreien. Nur ein *Ganzer* und *Heiler* Mensch kann an der Heilung des Ganzen einen aktiven Beitrag leisten. Davor hat er mit seinem Überleben im Status Quo zu tun den er nur aus einer selbstbestimmten Willensausbildung verändern kann. Die FC-Platten helfen dabei, größer zu denken als man selbst ist oder einfacher gesagt, *„über den Tellerrand hinausblicken."*

Die Energieplatten erleuchten den Weg, doch gehen muss jeder den Weg seiner Heilung selbst. So wird nur derjenige einen Effekt in seinem Leben erzielen, der sich aus tiefsten Herzen seiner Heilung hingibt und während des Prozesses nur bei sich bleibt; - der sich selbst verändert und nicht das Umfeld oder die ganze Welt.

Die FC-Platten erzeugen ein *skalares* Feld. Dieses Feld hat aber noch keine biologisch aktive Wirkung, sondern nur eine präventive Schutzwirkung auf den Organismus. Erst durch die Information die dieses Feld in Schwingung versetzt, entstehen die biologisch aktiven *Skalarwellen*. Hierzu müssen die Informationen mit einer Kraft in das Feld „geschossen" werden. Die Kraft welche dies bewerkstelligt ist die Kraft des konzentrierten *Herzgedankens*. Der Kopf formuliert eine bewusste Intention die zum inneren Bild wird.

Dieses Bild schickt man ins Herz um ein analoges Gefühl dafür zu bekommen das man dann als bewusste Sendung in das *Skalarfeld* der FC-Platte sendet. Das ist etwa so, als würde man eine Stimmgabel anschlagen. Irgendwann wird die Schwingung abebben und verstummen. – Richtig.

Man muss die Stimmgabel wieder neu anschlagen, um Schwingung zu erzeugen und so geht das auch mit den FC-Platten, bzw. den *Cosmo Energetic* Signaturen darauf.

Wenn Sie also eine FC-Platte tragen, dann werden Sie sich daher bitte immer wieder bewusst, *dass* Sie die Platte tragen, *wo* Sie sie tragen und was Sie für einen *Zweck* mit ihr verfolgen. Halten Sie Ihre Alltagsbewegung nur für eine Minute an und konzentrieren Sie sich auf diese drei Punkte, um die Schwingung wieder zu aktivieren.

Je intensiver Sie so arbeiten, desto effizienter wird die Wirkung der Platten sich entfalten können. Sein Sie sich bitte immer bewusst, dass die FC-Platten erschaffen wurden, um Ihnen auf Ihren Weg zu helfen. Sie können Ihnen nur helfen, solange Sie selbstbestimmt gehen, denn die FC-Platten können nicht für Sie gehen und entscheide1. Wenn Sie damit einverstanden sind, dann werden Sie viel Spaß und vor allem persönlichen Erfolg und innere Harmonie mit den FC-Platten erfahren.

Die Neigung der Menschen, kleine Dinge für wichtig zu halten, hat sehr viel Großes hervorgebracht.

Georg Christoph Lichtenberg

FC9 – Kosmisches Herz

Das Herz ist der Knotenpunkt, aus dem ein 1.000 Mal stärkeres Energiefeld hervorgeht, als aus dem denkenden Hirn, das immerhin im Wachzustand ca. 90% der zugeführten Energie benötigt. Hier, im Herz baut sich das Resonanzfeld auf mit dem man im Außen Ähnliches anzieht. Der bewusst gedachte Gedanke ist dabei nur ein Teil der Energie, welche den Sympathikus anspricht. Die Gefühle aus den Tiefen des Unterbewussten sind der andere Teil der Energie, welcher den Parasympathikus anspricht. Beide Nervenstränge zusammen sind maßgeblich an der Regulation der Herzfrequenz beteiligt. In Harmonie ist man deshalb nur dann, wenn beide Nervensysteme energetisch im Einklang sind, was bedeutet, dass sich die innere Vision im äußeren Lebensumfeld wieder begegnet.

Das Beispiel eines *„Sportselbstmörders"* möge dies verdeutlichen. Herr *H* ist frustriert, innerlich zerrüttet und abgeschnitten vom Fluss der Liebe und des Einklangs. Um seinen destruktiven Denken auch in der Materie zu folgen, geht er joggen, - viele Kilometer. *Was passiert nun?*
Eines haben Sportenthusiasten und Herr *H* gemeinsam: Ihr Sympathikus reagiert auf die äußeren Einflüsse, wodurch die Herzfrequenz sich mit der steigenden Beanspruchung erhöht.
Jetzt kommt der entscheidende Teil, den sie nicht gemeinsam haben. Der Enthusiast erfreut sich an dem was er macht, wohingegen Herr *H* sich nicht freut und nur verdrängt. Der Enthusiast fördert seinen Willen und der wiederum aktiviert den Parasympathikus und bringt ihn mit dem Sympahtikus in Einklang. Herr *H* hingegen kultiviert seine Trägheit durch das Verdrängen und reduziert damit den Energiefluss des Parasympathikus. Beide tun dasselbe. Der Enthusiast ist mit seinem Herzen im Einklang wohingegen Herr *H* Fehltöne im Herzorchester hervorbringt, die irgendwann den ganzen Chor in ein ungeordnetes Chaos stürzen. Natürlich hat das auch organische Auswirkungen. Schwankungen in der Blutperfusion *(Blutfluss)* führen zu Ablagerungen, Dysharmonien zwischen systolischen und diastolischen *(Sinusknoten)* Blutkreislauf erzeugen rhythmische Entgleisungen und Rhythmusstörungen führen zu einer

sub-optimalen Herztätigkeit. Infolge dessen treten Gewebeveränderungen auf, weil auch das Gewebe damit nur noch sub-optimal mit Blut und somit mit Nährstoffen versorgt werden kann. Stress *(Sympathikus)* und Ängste *(Parasympathikus)* sind dabei die Dirigenten, welche gemeinsam auf einer kausalen Funktionsbasis des Herzens den Takt angeben. Die *CEM*-Kanäle, welche in diese Platten integriert sind, sollen den direkten Kontakt zu den Dirigenten herstellen. Man muss nur konzentrierte Aufmerksamkeit und ein klares Bild seiner Vision mit der Platte und ihren Energien vereinen, - der Rest passiert dann von alleine! Eine Basisanleitung, wie Sie dies bewerkstelligen können, finden Sie im Anschluss an die FC-Beschreibungen.

Den meisten Menschen sind die unbewussten Mechanismen eben unbewusst und so sind wir bei der Aufgabe der FC-Platten. Auf dieser *Herz*-Platte sind zur Regulation der physiologischen Ordnung *(z.B. Herzkranzgefäße, Koronarsystem, Herzzellen) Cosmo Energetic Sakral-Kanäle* enthalten. Einer davon ist ein Kanal, der zusätzlich Informationen im Wasser neutralisieren kann, was sich vor allem auf die unbewussten Abläufe des Parasympathikus auswirkt.
Die *Skaral-Kanäle* sind normalerweise von allen CEM-Signaturen diejenigen, welche durch ihren Stofflichkeitsgrad intensiv auf der physiologischen Ebene aktiv sind. Die drei Basiskanäle die *Marina* jedoch benutzt hat, sind die sog. *Basiskanäle* einer sehr hohen energetischen Ebene. Sie werden benötigt, damit um den Menschen eine sog. *„WELL"* entsteht, - eine violette Energiesphäre, die den Träger der Platte umgibt. Mit der Öffnung der *WELL* entsteht nicht nur eine Schutzsphäre. Unter den Füßen öffnet sich ein gleißend lichter Wirbel, der normalerweise erst ab einer bestimmten Zellschwingung aufgeht; - es ist der unsichtbare Lichtweg des Individuums, der sich normalerweise erst mit der Öffnung des 3. Auges offenbart und aktiviert. Durch die Mitte des Körpers zieht sich durch das Kronen-Chakra eine Lichtsäule, die am Steißbein *(Wurzel-Chakra)* austritt und in den Lichtwirbel übergeht. Man merkt dies, sofern man richtig mit der Platte arbeitet, dass man mit dem Aktivieren automatisch eine gerade Stellung einnehmen will, damit die Energie optimal fließen kann. Etwa 24 *sakrale* CEM-Kanäle arbeiten auf der Ebene der Gleich- und Wechselfelder an der

physiologischen Grundordnung. Erst wenn man hier Ordnung geschaffen hat, wird der Zugang zu den feineren Ebenen frei, wodurch deren geordnete Impulse immer stärker zur Wirkung kommen können. Auf dem Weg ins Licht wird es halt immer heller!

Auf einer feineren Ebene ist das Herz der Hauptkanal der Liebe. Jeder Mensch kommt mit einem liebenden Herz auf die Welt. Bei den meisten Menschen ist diese Liebe aber von dicken Schutzmauern ummantelt, weil sie auf Ihre Liebe keine Resonanz bekommen. Die heute vorherrschende Liebe ist größtenteils auf Äußerliches und Materielles aufgebaut und man sucht meist auch dort nach Erfüllung. Erfüllung ist auch notwendig, um die aufgestauten Herzenergien wieder ins fließen zu bringen. Blockaden im Herzfluss sind die Kausalursache aller Krankheiten, weil sie kranke, negative Gedanken der Angst und des Mangels hervorrufen. Diese wiederum bilden feste neuronale *synaptische* Bindungen als Antwort des Gehirns auf die verletzten Gefühle des Herzens. In der Gesamtheit stellen die neuronalen Verbindungen die sog. *Neuroplastizität* dar und diese steuert die gesamte Proteinbiosynthese und konfiguriert die DNA!

Anhand der Ausführungen kann man gut erkennen, welches Potenzial in dieser ganz besonderen FC-9 Platte steckt. Sie müssen sich nur entscheiden zu den Problemen die sich in der Materie zeigen, den inneren Zugang zu finden um aus dem Problem einen wertvollen Schatz zu machen. In der Dualität gibt es immer zwei Seiten und so bewirkt das was schmerzt, nach seiner Vollendung durch Erkenntnis, einen dauerhaften Zustand der Glückseligkeit.
In diesem Zustand schwingt man so hoch, dass keine niederen Energien mehr in Resonanz kommen um sich auszuwirken.
So könnte der FC-9 zu Ihrem Universalschlüssel in die individuelle Freiheit, Harmonie und folglich auch zu Guter Gesundheit sein.

Der Mensch denkt – Gott lenkt!

Wir sprechen in den Bereichen der Liebesflussstörung immer von unbewussten Mechanismen, die uns jedoch nur deswegen unbewusst sind, weil unsere Wahrnehmung zu dieser Art von Energie noch nicht ausgebildet ist. Insbesondere die CEM-Kanäle sind hier eine einzigartige Hilfe, denn sie öffnen die Tore der Wahrnehmung und führen das Wesen in eine höhere Bewusstheit. *Magic-Kanäle* können z.b. das innere Bild klären, und bereiten das Wesen und sein 3. Auge auf seine Öffnung vor und vermitteln Visionen, wofür es keine Worte und rationale Gedanken gibt. Sie sollten aber nicht erwarten, dass auf dem Weg der Heilung Honig aus dem Himmel tropft und Sie mit Samthandschuhen angefasst werden. Niemand fasst Sie an! – Sie müssen selbst Hand anlegen oder den ersten Schritt setzen. Wenn eine Kugel im Körper steckt, dann tut dies weh und wenn man die Kugel entfernt, dann tut dies auch weh. Danach jedoch kann Heilung eintreten! – Seien Sie also bereit, den Schmerz als Geschenk der Liebe anzunehmen, das Bewusstsein offenbart.

Sehr hoch schwingenden *Divine-Kanäle* füllen das Herz mit göttlicher Energie und Licht, wodurch der Fluss und die Regeneration auf den feineren Ebenen beginnen und sich in der Wirkung in immer dichtere Energien zur Erhöhung derer Ordnung auswirken.

Als Träger-Energie für die mehr als CEM-Kanäle in dieser fundamentalen Platte wurden Pflanzen- und Mineral-Energien verwendet, welche eine hohe Kohärenzschwingung zur Herzschwingung haben wie z.B.: Spitzwegerich, Zeder, Klee, Melisse, Baldrian, Weißdorn oder Herzgespann und Grüntee, neben vielen weiteren Pflanzensignaturen mehr. Dazu gesellen sich die astralen Energiesignaturen von Aquamarin, Onyx, Rosenquarz und Japsis.

Die Neuroplastizität oder die Kultur des rationalen Denkens zu beherrschen ist einem Ungeübten unmöglich.
Da dies vordergründig aus den Gefühlen hervorgeht, ist es möglich, mit bewusster Gefühls- und Gedankenkontrolle charakterliche Veränderungen zu bewirken, die sich auf die gesamte Neuroplastizität auswirken und damit auf alle Systeme im Organismus.
Grundlegender kann man an seiner Gesundheit nicht arbeiten. – Wichtig dabei ist, dass man sich immer wieder bewusst wird, dass man Heilung will! – Wer sich nicht für seine Heilung interessiert, der kann auch nicht Heil werden und wenn Heilung passiert, dann

passiert sie immer zuerst innen und dann auch außen. Heilung ist daher die selbstbestimmte Kontrolle seiner Gefühle und Gedanken zur Modifizierung seines Charakters. Wer sich selbst heilt, der heilt die Welt!

FC10 – Bewegungsfreiheit

Leben ist dauerhafte, harmonische Bewegung. Eine wichtige Funktion bei komplexen Organismen wie z.b. dem Menschen, haben dabei die Gelenke. Sie sind der Knotenpunkt zweier aneinander grenzender Systeme verschiedener Bewegungen, von wo aus die Energie vom einen auf das andere System übergeht.

Im Knotenpunkt oder im Gelenk, findet die Modulierung der Energie statt. Eingehende Energien werden derart modifiziert, dass sie harmonisch in das angrenzende System einfließen können.

Das wäre der Optimalzustand, den man auch als Gesundheit bezeichnen kann. Gesundheit entsteht dabei deshalb, weil es in der Bewegung keine Widerstände gibt, - weder Innen noch Außen.

Wenn das Innere mit dem Äußeren im Einklang schwingt dann entsteht Harmonie. Im anderen Fall entsteht Verschleiß der in seiner langen Folge zu symptomatischen Erkrankungen führt.

In unserem Fall wären es Gelenkbeschwerden sowie Behinderungen im gesamten Bewegungsapparat die ursächlich immer demselben Pfad folgen: *Erhöhte Abnutzung durch disharmonische Bewegung.*

Als Folge daraus entstehen im frühen Vorstadium Entzündungen und damit Bewegungseinschränkungen, die eine Neujustierung der gelebten Bewegung verlangen und keine Schmerzhemmer. Der Schmerz ist heilig, da er Bewegung erschafft, wo der eigene Wille versagt!

Wenn man sich unachtsam in den Finger schneidet und blutet, dann wird zuerst die Wunde versorgt, bevor man sich an die Ursachen des Unfalls begibt. So ist es auch bei Knochen und Gelenkserkrankungen. CEM Energien können zwar viel, jedoch sind auch sie an die Naturgesetze gebunden und so benötigen sie eine ausreichende physiologische Nährstoffbereitstellung, damit die heilenden Felder Baustoff für die Heilung haben! Man benötigt hierzu eine *4-polige* Nährstoffbasis aus dem Nahrungsergänzungsprogramm zu den FC-Platten:

1)   *Minerale + Vitamin D3!!!!!!!!*

Vitamin D3 wird in der Leber zu einem Steroidhormon umgebaut, welches den gesamten Calcium- und Phosphatstoffwechsel steuert! – Nahezu *75%* der Europäer haben ein chronisches Vitamin D3 Defizit, das im Übrigen auch zu Pankreas-Krebs führen kann! Minerale aus der Sango Koralle sind wichtig für die Elektrolyte und die Flussfähigkeit von Energie!

2)   *Hydroxid-Ione & Tibetian Mumijo*

Hydroxid-Ione sind der basische Teil des Wassers und sie sind Transportsysteme, welche Nährstoffe über die Wasserkanäle in die Zelle schleusen[9]. Mit einer speziellen Wirbeltechnik werden dieser Lösung ein flüssiges Bergferment zugesetzt, das sich Mumijo[10] *(FC-OM)* nennt. Neuere, wie auch ältere wissenschaftliche und klinische Studien aus Russland zeigen, dass dieses *„Blut des Berges"* erstaunliche Eigenschaften bei der Heilung von osteopathischen und Gelenkserkrankungen aufweist. Unter anderem die Erhöhung von Erythrozyten, was zu mehr Sauerstoff und weniger Stickstoff im Körper führt. *Tri-Phosphate* die vermehrt im Blut gebildet werden beschleunigen den Heilprozess. Die Lösung auf eine Platte stellen *(5 Minuten)* und die gesamten Energien richten sich nach den vorherrschenden Bedingungen des dauerhaft variierenden Erdmagnetfeldes aus, was zu einer perfekten Wirkung auf den Organismus führt. Da es sich hier um ein Produkt mit einer sehr beschränkten Ressource handelt *(Mumijo)*, kann man auch FC-OH⁻ ohne Mumijo verwenden.

---

[9] Agre & McKinnon, Chemie Nobelpreis 2003.

[10] H. Hannes, *„Wege zur Gesundheit"*, BoD Verlag Norderstedt, 2012.

3)   **FC-H⁻**

Wenn man mit Energie arbeitet, dann müssen auch die Grundelemente der Energie ausreichend vorhanden sein, wie z.B. die Elektronen. Ohne ausreichend freie Elektronen im Organismus können die Energien gar nicht oder nur suboptimal funktionieren! -

4)   **Gutes Wasser**

Insbesondere im Bereich der Gelenke und Knochen ist Wasser von fundamentaler Bedeutung. Viele Symptome entstehen alleine durch eine dauerhafte Unterversorgung an gutem Wasser. Im Medium Wasser wird Energie gespeichert und in andere Systeme übertragen, weswegen dieser Stoff niemals im Defizit sein sollte! Wenn Sie mit mir übereinstimmen, dann finden sie für sich einen selbstbestimmten Weg, dem inneren Wasserboykott erfolgreich zu begegnen. Platten ohne Wasser ist wie Luft ohne Sauerstoff. Zudem sind die Strukturen des Wassers der Taktgeber der Dielektrizität *(Permittivität)* des Wassers und die ist wiederum verantwortlich für die Bindung feiner Energien, wie z.B. *Neutrinos*[11] oder *Tachionen*, die noch einmal eine ganz andere Qualität von Energie ins System pulsen.

Der FC10 enthält als *stoffliche* Trägerenergie die ätherischen Felder des Kleinen Helmkrauts, Ackerschachtelhalm und Alfalfa.

Die astralen Mineralenergien setzen sich zusammen aus Bergkristall, Achat und Rosenquarz, wobei zu erwähnen ist, dass die verwendeten Kristalle von höchster Provence sind und frei von fremden Einschlüssen. Auch auf dieser, sowie auf allen weiteren Platten, sind die drei sakralen Basiskanäle enthalten, welche die *WELL* öffnen und den Energiekörper in eine hohe Grundordnung bringen.

Im Nachfolgenden werde ich diese Basiskanäle nicht mehr erwähnen, da es eine einleuchtende Voraussetzung ist, einen nieder schwingenden Organismus in eine adäquate Schwingung zu versetzen, auf der sich Resonanz einstellen kann.

---

[11] Dr. med. B. Köhler, *„Grundlagen des Lebens"*, Verlag videel OHG, 2001.

Wie hoch die Resonanzausbildung dabei ist, das liegt ganz am Gesundheitsstatus des Empfängers.

Marina arbeitet hier höchst effizient mit zwei Energiegruppen. Die *Sakral-Kanäle* arbeiten auf der physiologischen Ebene, wo sie das was funktioniert unterstützen und dort wo Fehlfunktionen sind neu ordnen. Ein CEM-Kanal reguliert dabei z.b. die Säure-Basen-Fluten und den Knochenstoffwechsel. Der goldene Basiskanal wirkt als „Zetrümmerer" von Ablagerungen *(Oxale, Gries,...)*, wobei dieser Kanal auch die Fähigkeit hat, die Ablagerungen, ebenso wie Gifte und Schwermetalle mit seinem goldenen Licht derart zu entdichten, dass sie wie Gase aus dem Organismus entweichen.

Die anderen CEM-Energien einer feineren Dichteklasse wirken sich auf die Faktoren aus, welche zu Verspannungen führen, aus denen schlussendlich die Fehlbewegung samt ihrer Symptomatik entstanden ist. Ein korrigierter Atlas ist dabei eine Minimum-Anforderung die man haben sollte, denn was nützen einem die besten Energien, wenn sie nur verstümmelt ankommen?! –

Die CEM-Magic Kanäle die in der Platte enthalten sind, korrigieren die Muskulatur zur Norm wodurch man eine größere Bewusstheit für seine Haltung und Bewegung erfährt. Natürlich muss man auch hier die Bewusstheit durch die konzentrierte Aufmerksamkeit, begleitet von einer inneren Vision aktivieren, - von nichts kommt nichts, auch wenn alles da ist!

Jede FC-Platte ist somit auch ein mentales Trainingsgerät für einen erwachenden und stärker werdenden selbstbestimmten Willen. Die Aufmerksamkeit kann dabei erhebliche Unterstützung in dem Umstand finden, dass die feinstofflichen CEM-Energien eine dauerhafte Entspannung des Muskeltonus anregen.
Auch wenn diese Energien noch jenseits der Wahrnehmung liegen, - die energetischen Felder die den Muskeltonus steuern werden auf sie reagieren!

Wenn sie reagieren, dann verbinden sie sich automatisch über das Nervensystem mit dem Gehirn, wodurch die Häufigkeit analoger

Gedanken die man wahrnehmen kann, drastisch ansteigt. Auf einmal ertappt man sich dann dabei, wie man sich unmerklich wieder verspannen möchte und besinnt sich gleichzeitig darauf, dass man sich entspannen möchte.

So kann man bewusst und selbstbestimmt einen automatisierten Zustand unter die eigene Kontrolle bringen, wodurch sich auch das Wirkprinzip der CEM-Energie schön vermitteln lässt. Die CEM-Signaturen öffnen der Wahrnehmung die Tore ins kausale Unterbewusstsein; - nicht in die Tiefe aber in die Auswirkung unbewusster Mechanismen und diese kann man ändern, wenn man will. Aus der Bewusstheit formt sich ein neuer Charakter, dem eine neue, entspannte Bewegung folgt. Alles was der Mensch dazu braucht, ist etwas Ruhe in der Unruhe und den Willen zu einer Aufmerksamkeit, die der Heilung dient. Ach ja, bewegen muss man sich natürlich auch noch alleine, bevor dann alles Weitere von alleine passiert.

FC11 – Achte Dich selbst

Warum gibt es auf dieser von Gott geschaffenen Welt soviel Leid und Elend? – Diese Frage haben Sie sich bestimmt auch schon oft gestellt. Haben Sie schon eine Antwort gefunden? -

Ganz einfach: *Achtung* und *Respekt*!

Nur auf diesen Pfaden kommt man zur göttlichen Liebe und zu wahrer Erfüllung. All das, was wir als negativ empfinden entstammt aus einer gemeinsamen Basis der Nichtachtung und der Respektlosigkeit. Da kein Mensch mit einem bösen Herzen auf die Welt kommt, muss man feststellen, dass Menschen, die sich unmenschlich verhalten, dies gegen ihren höheren Willen tun. Jedes Mal wenn ein Mensch etwas Böses tut, dann entweichen Seelenanteile aus ihm. Mit ihnen gehen auch die tugendhaften Gefühle, die nur auf dem Pfad der Liebe erblühen können. Je weniger *Herzlichkeit* somit ein Mensch hat, desto mehr verweilt er in seinen unerfüllten Sehnsüchten und sucht in materieller Belanglosigkeit seine Erfüllung, was zur Verringerung seiner Lebensenergieschwingung führt, wodurch er immer mehr zu einem Opfer seiner Gewohnheiten wird, was der Betroffene aber nicht erkennen kann, weil es nicht seiner Wahrheit von der Welt entspricht.

Weil er keine Glückseligkeit erfahren kann, versucht er etwas dauerhaft zu wiederholen, was ihm irgendwann einmal ein *Glückseligkeitsstrohfeuer* beschert hat. Nicht selten pervertieren die sinnlichen Mechanismen der Scheinbefriedigung, da sie in Ihrer ständigen Wiederholung nur Frust erzeugen und die Suche nach Befriedigung immer zwanghafter wird und das führt zur Abartigkeit. Die Macht des Schöpfens wird hier entgegengesetzt angewandt!

Nun zu den FC-Platten. Gewohnheiten sind des Lebens Feind, denn wer immer nur wiederholt, der lebt nicht, - der bleibt stehen und verfällt in Starre. Alles im Universum verändert sich jeden Moment was bedeutet, dass die Bewegung schon da ist und der Mensch sich nur entscheiden kann, ob er sich mit oder gegen die Bewegung bewegen will. Gewohnheiten führen durch die ständige Wiederholung zu abnormen Energiemustern innerhalb der niederen Energiekörper des Wesens. Folglich bauen die feineren Energien ein Gegenpotenzial auf, um das Wesen als Ganzes zu balancieren.

Nicht selten kommen die kosmischen Signale als schicksalhafte Fügungen, quasi als ein zu Materie kondensierter *kosmischer Arschtritt* zum Aufwachen, - nicht um zu bestrafen!

In anderen Fällen sind schon so viele Seelenanteile verloren gegangen, sodass nur noch höhere Einflüsse zu einer Lebensumkehr führen können. Wir wollen uns jedoch mit denen beschäftigen, welche einen selbstbestimmten Weg zu ihrer Ganzwerdung gehen wollen. Einem Blinden eine Taschenlampe zu geben macht keinen Sinn, denn auch wenn die Lampe eingeschaltet ist, so bleibt er dennoch in der Dunkelheit.

Neben den drei in die physiologische Korrektur integrierten Basiskanälen, hat *Marina* sehr hoch schwingende Energien eingebettet, welche den Menschen ihren Selbstbetrug an sich transparent machen sollen. Gleichzeitig wirken sehr starke Reinigungsenergien, welche so hoch schwingen, dass sie alle nieder schwingenden

Energieformen auf die göttliche Liebesschwingungsebene anheben. Diese Schwingung wirkt sich auch dort aus, wo die Sucht entsteht, - im Denken und im *Gedankenstoffwechsel,* wodurch der Weg aus der Gewohnheit *(Droge)* erleichtert wird. Die Erleichterung merkt man jedoch nur, wenn man wirklich will, da die Energien den selbstbestimmten Willen zugänglich sind, der sie in gelebte Bewegung umsetzen soll. Den eigenen Willen ersetzen können sie natürlich nicht!

Bewusstsein ist der Schlüssel zur Erlösung. Um es zu erlangen, muss man lernen mit seinen inneren Augen zu sehen und man muss die Tugend in sein Denken und sein Herz aufnehmen. Nur so entsteht heilende Wahrhaftigkeit, die jedoch nur aus dem selbstbestimmten Individuum aufgehen kann. Genau da liegt das Problem. Die meisten Menschen haben keinen blassen Schimmer, wer sie wirklich sind und anstatt auf die Suche nach ihrer Identität aufzubrechen, lassen sie sich durch kurzlebige Sinnlichkeiten vom Weg abbringen, - immer und immer wieder ..... und: *Sie merken es nicht!* – Ihnen schmeckt, was sie krank macht, sie bewegen sich nach äußeren Impulsen und nicht durch ihre innere Stimme, sie reden anders wie sie denken, belügen sich und andere, tun was sie nicht wollen und trennen alles, anstatt es zu vereinen.

Jeder hat ein solches Programm in sich, jedoch muss nicht jeder akzeptieren, sein ganzes Leben dadurch verleben zu lassen!
Marina unterstützt den Weg zu sich selbst mit *Cosmic-Information-Channels,* die ein höheres Maß an Aufmerksamkeit für die innere Stimme fördern. Dazu gesellen sich die sehr hoch schwingenden *Higher-Divine-Channels,* aus denen direkte Verbindungen zu den *höheren Lehrern* entstehen können, sofern man sie mit der Energie der Aufmerksamkeit aktiviert. Auch wenn man zu Beginn noch nicht viel merkt, so stellt sich bei den meisten Menschen sehr schnell ein irgendwie seltsam vertrautes Gefühl ein, so, als ob man zu Hause angekommen wäre. Ein sehr starker CEM-Kanal nimmt Sie nun bei der Hand und zeigt Ihnen Schritt für Schritt die Schönheit Ihres individuellen Schöpfungsausdrucks. Lernen Sie, wie Sie sich an Sich erfreuen, - lernen Sie, sich selbst zu genügen. Jede unerfüllte Sinnlichkeit ist gleichsam ein schwarzes Seelenloch, das sehnsüchtig

seinen Seelenanteil herbeiruft. Doch die inneren Ohren waren bisher verschlossen. Jetzt bekommen sie den FC11, der den tauben inneren Ohren als Hörgerät dient. Der selbstbestimmte Wille ist dabei die *Batterie* des Hörgeräts.

Auf dem Weg zu sich selbst ist es unabdingbar zu lernen, in den Spiegel zu sehen und sich dabei nicht selbst zu belügen. Genau hinsehen ist gefragt, denn man muss erkennen, was man ändern möchte. Alle Formen von Süchten und Gewohnheiten sind Ausgeburten bewusster, aber viel öfter, unbewusster Ängste, die aus der Vergangenheit auf unsere Gefühle und Gedanken in der Gegenwart wirken. Wenn man die Ursache der Wirkung kennt, dann spricht man von Auflösung. Der nächste Schritt ist dann: *Loslassen*!

Der gesamte Themenbereich der Selbstfindung wird in dieser FC-Platte angesprochen. Daneben liegt der Fokus auch auf der Bewusstwerdung des Augenblicks, denn nur wer sich dort sucht, wird sein wahres Ich und nicht irgendeinen Abklatsch aus der Vergangenheit finden.

Diese Platte ist daher ein wertvoller Wegbegleiter für Menschen, die auf den Weg zu sich selbst und transzendenter Erfahrung aufgebrochen sind. Sie hilft dort Licht zu finden, wo noch Dunkelheit ist, Einklang zu schaffen wo Disharmonie dröhnt und zu einen, was noch widersprüchlich ist. Die hohen Energieschwingungen helfen dem Wesen bei Geistesübungen, in sich tiefe Ruhe und klare Visionen zu erschaffen, was der Klärung des Geistes dient. Am Ende eines erfolgreichen Weges zu sich selbst wird man im Leben wieder geboren, um seinen Weg auf einer höheren Ebene des Bewusstseins fortzusetzen. Erst wenn man sich aus der Starre der Sinnlichkeit befreit hat, kann man sich wieder mit dem Fluss des Lebens vereinen. Achtung und Respekt hat deswegen derjenige, der sich selbstbestimmt aus der Starre befreit, um wahre Freiheit zu erlangen, - der Urtrieb der Gesundheit!

Die Achtung vor deinem eigenen Selbst ist nächst der Religion der stärkste Damm gegen alle Laster. Francis Bacon

FC12 – Tiefer Schlaf

Jeder Schlaf ist ein kleiner Tod und jedes Erwachen eine kleine Wiedergeburt. Ohne Schlaf könnte der Mensch nicht überleben, weil der Organismus den Schlaf braucht wie das Ausatmen. Keiner kann leben, wenn er nur einatmet! Der Steuermechanismus für den Schlaf liegt im *Hypothalamus*, bzw. der *Hypophyse*, das Steuerhormon ist *Melatonin*. Die innere Uhr ist eine Art Sonnenuhr. Die Sonnenstrahlen die über das Auge eintreffen sagen dem Gehirn, in welchem Winkel die Sonnenstrahlen eintreffen, was wiederum über die Intensität und damit dem Tagesstand Auskunft gibt. Entsprechend der Lichtinformationen stellt der Körper den Hormonstoffwechsel von Wach- auf Schlafbetrieb um. Je nachdem, wie viele Informationen und wie viel Energie der Körper während des Tages aufgenommen, bzw. ausgegeben hat, verfällt er früher oder später in ein tiefes Schlafbedürfnis, um das zu verarbeiten, was dem rationalem Linkshirn zu komplex ist *(z.B. Emotionen)*.

Viele Regenerationsschritte kann der Organismus nur vollziehen, wenn er absolut entspannt ist. Erst im Schlaf verstummt das ewige *Geplapper* der Ratio und das kognitive rechte Hirn fängt an die Kontrolle zu übernehmen. Im Schlaf ist der Körper in der Regel völlig entkrampft und damit die Muskulatur nicht auf die Bewegungen im Traum anspricht, schüttet der Körper Stoffe aus, welche die Nervenimpulse zum Erfolgsorgan blockieren. Bei Schlafwandlern z.B. funktioniert dieser Mechanismus nicht, weswegen er den Impulsen aus dem Unbewussten folgt.

Im Schlaf werden die Selbstheilungskräfte aktiviert und nur im Tiefschlaf kann der Hormonstoffwechsel anspringen. Glauben Sie mir, es gibt sehr, sehr viele fundamentale Stoffwechselprozesse, die nur in der Nacht *(unter Ausschluss von Sonnenlicht)* ablaufen und einige davon können nur in der Schlafphase *(REM)* aktiviert werden. Träume sind die Bilder der Seele und sie sind ein kognitives Bild des Heilungsprozesses, der gerade vollzogen wird.

Natürlich gibt es zum Schlaf noch sehr vieles zu sagen doch belassen wir es dabei, dass er ebenso wichtig ist, wie das Ausatmen. Wenn Sie sich aber angesprochen fühlen und mehr wissen wollen, so empfehle ich den selbstbestimmten Weg der gezielten Informationssuche. Je besser man etwas versteht, desto stärker kann man es mental steuern! Wie tief man dazu in das Mysterium eindringen muss, das muss jeder selbst entscheiden.

Was nun die FC12 Platte betrifft, so möchte ich Ihnen gerne eine Grundregel mit auf den Weg geben: So wie man sich bettet, so erwacht man wieder! – Vollziehen Sie deshalb jeden Abend vor dem Einschlafen folgende Zeremonie:

Schieben sie die FC12 Platte unter das Kopfkissen. Lassen Sie noch einmal bewusst die Bilder des Tages an sich vorbeiziehen und ignorieren Sie alle negativen Erlebnisse. Richten Sie ihren Fokus nur auf die positiven Dinge des vergangenen Tages.

Will etwas Negatives nicht gehen, dann neutralisieren Sie es, indem Sie eine Lösung erschaffen, anstatt sich in einen negativen Sog ziehen zu lassen. Lächeln Sie dabei immer! Wenn Sie durch sind, dann ziehen Sie um alle positiven Dinge und Lösungen einen imaginären Kreis, der alles Positive in sich bindet. Visualisieren Sie, wie Sie diesen Kreis in die FC12 Platte einfließen lassen. Am Ende Ihrer nächtlichen Mentalarbeit versuchen Sie ein Gefühl der Freude in sich zu erzeugen während Sie an den positiven Kreis denken. Aktivieren Sie nun die Platte, indem Sie mental sagen *(lächeln!!!!)*:

Danke *(+ Gefühl der Freude)*, so sei es = *Formel für glückliches Leben*

Es ist wichtig, dass Sie verstehen, welche Bedeutung der Schlaf für Sie hat. Nur was in Ihrer Wahrheit existiert, kann auch aktiviert werden. Aus diesem Grund bin ich etwas ausführlicher in die Vorgeschichte des Schlafes eingedrungen.

Als Träger des *bewussten Schlafes* wurden die ätherischen Felder von Oregano, Baldrian, Minze und Melisse verwendet, die dem Körper innere Wärme, Wohlbefinden und Ruhe vermitteln.
Als astrale Trägerenergie hat man hier nur Türkis verwendet.

Während des Schlafes werden Bücken zu den mentalen bis hin zu den kausalen Bereichen des Wesens gebaut, für die es jedoch keine materiellen Trägerenergien gibt.

Die Transportsysteme in diese hoch schwingenden Bereiche sind transpersonaler und transmaterieller Natur. Im Schlaf wird man deswegen aus der Materie entrückt was den Vergleich von *Tod* ←→ *Wiedergeburt* unterstreicht.

In diesem Zustand benötigt das unbewusste Wesen dringend Schutz, insbesondere vor Gefahren aus den höheren Ebenen, in denen sog. *Entitäten* existieren, *Dunkle Energien*, die sich von Angst und Mangel nähren. Ähnlich wie beim richtigen Tod verlässt man auch im Schlaf die bekannte Seinsebene und durchwandert die vielen Energieschichten, um sich mit dem höheren Selbst zu treffen.

Den Wenigsten gelingt dieser Kontakt jedoch. Sie gehen mit argen Gedanken und Gefühlen ins Bett und lassen nicht mehr los bis der Schlaf diesen destruktiven Strom an Gefühlen und Gedanken unterbricht. Die Ratio ist dann zwar in der Zwangspause, aber dennoch aktiv. Mit dieser Resonanzschwingung bleibt das Wesen auf seiner Reise zum *heilenden Dialog* auf den unteren Energie-Ebenen gebunden. Es kann sich nur innerhalb seiner Resonanz-ausbildung bewegen, weil das denkende Hirn nicht loslassen will!

Auf der FC12 Platte befindet sich daher wie auf allen Platten das physiologische Grundprogramm, das der körperlichen Selbstre-gulation dient. Auf der ätherisch-/astralen Energie-Ebene werden die Gleich- und Wechselfelder des Organismus korrigiert, die sowohl den Sympathikus, als auch den Parasympathikus ansprechen, um diese in Einklang zu bringen. *Magic-Kanäle* stoppen auf einer höheren Ebene den Verfall des Körpers und rejuvenieren ihn.

Andere Kanäle beruhigen das Denken und fördern die Ruhe und Gelassenheit wobei sie helfen den Hirnstoffwechsel anzuregen, damit dieser ausreichend Melatonin produzieren kann, was zu einer guten und tiefen Schlafqualität führt. Da die meisten Menschen sich nicht an ihre Träume erinnern können, hat *Marina* sog. *Cosmic-Information-Channels* aktiviert, welche die mental-intuitiven Signale klarer im Bewusstsein erstrahlen lassen. Auch die Erinnerung an das Traumerlebnis wird stabiler und nachhaltiger, jedoch nur für denje-nigen, der bewusst mit seinen Träumen arbeitet.

Am Ende gibt es noch eine Schar an CEM-Schutzkanälen die das Wesen im Schlaf auf dem Weg zum transpersonalen, höheren Selbst begleiten und ihm dort bei der Kommunikation helfen. Nicht zu vergessen der Schutz vor *Entitäten*, die nicht unbedingt aus dem eigenen Denken angezogen werden müssen. Es reicht, wenn man in einem modernen Wohnsilo von mehreren Bewohnern „lebt", und nur einer davon Resonanz zu diesen kosmischen Dunkelwesen hat! In meiner *Cosmo Energetic Schule* lehre ich, wie man sich vor diesen Wesenheiten schützen kann, was jedoch einen starken und selbstbestimmten Willen voraussetzt, weil man sonst zum Spielball ihrer emotionalen Fallen wird.

Neben den *Entitäten* gibt es noch viele Gefahrenquellen mehr, da man auf diesem Planeten willkürlich mit Informationsfeldern beschossen wird *(Radio, TV, Handy, ...)*, die sich über den Stoffwechsel auf das ganze System auswirken. Nicht zu vergessen auch der soziopathogene Gedankenmüll, der aus dem Existenzkampf im Hamsterrad gesellschaftlicher Bewegung herrührt. Es gibt viele Störfaktoren, welche das Wesen an einem wesensgerechten Schlaf verhindern. Diesem Umstand Rechnung tragend, hat *Marina* ein energetisches Schutzfeld über mehrere Ebenen errichtet.
Innerhalb des Feldes ist der Pfad zum *heilenden Schlaf* gelegt und die Skalarfelder schaffen energetische Ordnung in den verdichteten Energien, womit elektromagnetische Störfelder ebenso nivelliert werden, wie kosmo-, geo- und soziopathogene Felder.
Auch wenn man nicht mit der FC12 Platte mental arbeitet, so hat man dennoch den Schutz der skalaren Felder, der nicht zu unterschätzen ist. Wenn man jedoch aktiv arbeitet, dann kann man aus dem Schlaferlebnis ganz neue Qualitäten erleben und damit effizient an seinem individuellen Aufstieg arbeiten. Bedenken Sie dabei bitte immer, dass jeder Gedanke und jedes Gefühl eine konkrete Botschaft ist, die auch beantwortet wird!

Das Beste, was einem passieren kann: wenn die Wirklichkeit sich in einen Traum verwandelt. **Philippe Baron de Rothschild**

FC13 – Schicksalswende

Jeder Mensch ist seines Schicksals Schmied heißt es so schön, und es ist wahr! Leider können dies die meisten nicht aus ihrer Wahrheit heraus erkennen und so suchen sie die Brille, die sie bereits aufgesetzt haben! Der Mensch ist das Opfer seiner Gedankenmuster, die ihn immer wieder in ähnliche Abläufe einbinden.

Eine vermeintliche Vielfalt entsteht hier nur aus der Variation eines einzigen Gedankenimpulses, was zu einer Imagination und Lebenstäuschung führt. Unfähig sich selbst als die Ursache aller Ereignisse zu erkennen, beginnt der Mensch, sein Umfeld seinen Wünschen anzupassen, wodurch er die Freiheit anderer einschränkt. Der Widerstand den er sich dabei im Äußeren einfängt ist nur die stoffliche, wahrnehmbare Reproduktion seines schweigenden inneren Widerstandes.

Egal wo der Mensch Widerstände erfährt, sie sind immer nur die materielle Auswirkung einer inneren Ursache, die der Betreffende *(un)*bewusst selbst gesetzt hat. Wer also ein vermeintliches hartes Schicksal zu erleiden hat, der sollte genau prüfen, wo sein Part daran ist. Nur an sich kann man etwas verändern, weswegen es weise ist, auf der Suche nach Heilung immer bei sich zu bleiben.

Viele Menschen würden gerne gesund werden, jedoch fehlt ihnen der zündende Wille und das Verständnis für die Notwendigkeit zur Lebensumkehr. Man kann einem Alkoholiker noch so oft sagen, dass er süchtig und schwer krank ist. Er wird es nicht glauben. Er wird es erst glauben, wenn der Leidensdruck so groß geworden ist, dass er nicht mehr anders kann. Ein kläglicher Akt der Ausübung des freien Willens, der den meisten dennoch sehr verständlich ist. Hand auf's Herz: Wer hat noch nicht eine Sache solange vor sich hergeschoben bis es zu spät war? – Wer hat noch keine faule Ausrede benutzt, um sich einer unangenehmen *(aber notwendigen)* Situation zu entziehen? – Und wer hat sich noch nicht belogen, wenn es um die Befriedigung seiner sinnlichen Begierden geht?

Auch unangenehme Wahrheiten blendet man gerne aus und wenn es darum geht, sich aus der Verantwortung seines Tun zu stehlen, entstehen kreative Mechanismen des Selbstbetrugs. Eine Lüge zieht die nächste hinterher und so wird man schön langsam zum Sklaven einer erlogenen Realität in der es vor Ähnlichem nur so wimmelt.

Können Sie mit diesem Mechanismus etwas anfangen? – Wenn Sie mit dieser FC-Platte arbeiten, dann seien sie ehrlich zu sich selbst. Ich möchte die Beispiele nicht bis ins Detail zerkleinern, denn wichtig ist nur, dass jeder weiß, um was es geht. Die Platte kann ihre Hilfsenergien nur dann entfalten, wenn Sie bereit sind sich das anzusehen, was sie bislang übersehen wollen. Es geht darum sich aus den Verflechtungen der sinnlichen Gedankenkultur zu verabschieden und damit altes Leid für immer hinter sich zu lassen. Dazu gehört auch die Bereitschaft, an etwas zu glauben, was man noch nicht erfahren hat. Es geht darum, zu sich selbst zu kommen und die Kommandozentrale seines Wesens bewusst und selbstbestimmt zu übernehmen.
Lassen Sie nicht zu, dass Unbekannte die Kontrolle über die Schalthebel Ihres Wesens haben; - werden Sie Sie Selbst und werden Sie ein freies und selbstbestimmtes Wesen!

Wenn das Ihr Wunsch ist, dann sind die Energien dieser einzigartigen FC-Platte genau richtig für Sie. *Marina* hat sehr intensiv mit einer überaus mächtigen Rune gearbeitet.
Die Runen-Kanäle gehören zu den *CEM Meister-Kanälen* und wirken sich ab der sub-atomaren Ebene in die Verdichtung der Materie aus. Das bedeutet, dass sie ein sehr großes Wirkspektrum über viele Lebensbereiche haben. Die Rune BERKANA hat für das Thema dieser Platte das ganze Energiespektrum, was für einen harmonischen Übergang vom Einen ins Andere benötigt wird. Um die Analogie noch zu verstärken, wurden die ätherischen Felder vom Saft der Birkenrinde als einzige Trägerschwingung aufgeprägt. BERKANA heißt übersetzt übrigens *Birke*, damit sich der Zusammenhang erschließt.

BERKANA ist die Rune des Übergangs und des Neuanfangs.
Ihre geschmeidigen und flexiblen Äste sind Zeichen dafür, dass alle Widerstände durchdrungen werden können und dass sie Naturgewalten mit ihren feinen Ästen eine nur geringe Angriffsfläche bietet.

Ihre Farben sind Schwarz und Weiß, was auf einen harmonischen Ausgleich der polaren Kräfte, Mann/Frau oder Yin/Yang verweist.

Wer seinem Willen folgt, der erhält von BERKANA Lösungen zu allen Problemen und auch die initiale Energie, sich in neue Richtungen zu bewegen. Zu der Runen-Energie wurde ein Verstärker eingebaut, nämlich ein *CEM Informations-Kanal*, welcher die Kommunikation zwischen BERKANA und dem Träger der Platte klärt und verstärkt.
In dieser Kombination kann man seine Gedanken klären und bewusst daran gehen, das *Lebenslügen-Konstrukt* aufzulösen. Nur so kann man in die Wahrheit seines Seins kommen.

Auf dem Weg zu sich selbst erfährt man Heilung auf allen Ebenen sowie die Loslösung aus vertrautem Leid. Die Energien stärken das Nervensystem, damit die Kommunikation sich intensiviert und mehr PRANA Lebensenergie fließen kann; sie nähren den Willen zur geraden Haltung und unterstützen die Wirbelsäule in ihrer Aufrichtigkeit und sie erwecken die inneren Augen, Ohren und Gefühle.

Gleichzeitig verhelfen sie zu innerer Ruhe und gestatten es, aus dem Denkstress in die Stille des Denkens einzutreten. Jedes Mal wenn man das rationale Denken bewusst ausschaltet, dann aktiviert sich das *denkende Herz*. Erst jetzt denkt unser *höheres Selbst* für uns.
Wir müssen nur noch umsetzen, was uns in der Denkstille als Bild oder intuitiver Impuls offenbart wird.

Finden Sie Ihren Weg zu sich selbst, werden Sie still und beobachten Sie. Wenn Sie mit der FC13 Platte arbeiten, dann empfehle ich Ihnen, für mindestens 4 Wochen nur mit dieser intensiv zu arbeiten. Erzeugen Sie immer wann Sie sich gestatten daran zu denken, eine Schutz-Sphäre aus der Platte.
Sie stellen sich einfach vor, dass aus der Platte violetter Äther ausströmt und sie vollkommen umgibt. Wichtig dabei ist, dass Sie ein ganz klares Bild vor dem inneren Auge haben. Wenn Sie das Bild haben, dann erzeugen Sie ein passendes *(positives!)* Gefühl zu diesem Bild und seien Sie kompromisslos, wenn das *Linkshirn* wieder zum Plappern anfangen möchte. - Ruhe und Nichtstun ist nicht sein Ding.

Dieser Dialog ist wichtig. Das Maß, wie Sie das Geplapper der Ratio im Griff haben ist gleichsam das Maß Ihres ausgebildeten, geistigen Willen und an dem kann man nicht oft genug arbeiten. Mit dieser Platte geht der Weg eines selbstbestimmten Lebens auf, dessen höchstes Ziel die Selbstmeisterung ist.

Wenn das auch Ihr Ziel ist, dann heiße ich Sie Willkommen zur *Cosmo Genese* der *Evolutionswillgen*.

Alle Handlungen, alle Werke, alles Karma, gehören zur Natur, nicht zum Göttlichen. Der Mensch ist es, der sein irdisches Los bestimmt. Die Menschen besiegeln ihr Schicksal selbst. - Bhagavadgita

FC14 – Lebensenergie Schutz

Eines der Hauptthemen der dipolaren Felder der FC-Platten ist die energetische Reinigung der Biosphäre, damit sich das Wesen in seinen energetischen Sphären evolutionär entwickeln kann.

Die skalaren Felder sind dabei ein einzigartiger Schutz für das Wesen auf den verdichteten Energie-Ebenen seines Lebensumfeldes.

Das bedeutet, dass der Schutz nur noch durch sein Ordnungsprinzip in die feineren Ebenen, die über den Elektromagnetismus schwingen, einwirkt. Ein Gedanke verlässt das Gehirn zum Erfolgsorgan *(Zielorgan)* als ein elektrisches Gleich- oder Wechselfeld, das sich zu einem Nervenimpuls verdichtet. Auf dieser Ebene wirkt die Ordnung der skalaren Felder aller FC-Platten.

Doch was erschafft den Gedanken? – Sie werden erschaffen von sehr feinen, analogen Mikro- und noch feineren Strömen, deren Felder nur noch teilweise den skalaren Einflüssen unterliegen. Und sie werden geschaffen von den feinen astralen Schwingungen, die aus der Gefühlswelt kommen und sich im Parasympathikus auf unbewussten Wegen Ausdruck in der Wahrnehmung verschaffen.

Nun ist man in dem Kreislauf, wo Gefühle Gedanken erzeugen und kommen an die Grenzen der Wahrnehmung. Doch da gibt es noch etwas.

Kennen Sie das: Sie grübeln über irgendeinem Problem und kommen einfach nicht auf die Lösung. Sie suchen und suchen und lassen nicht locker. Die ganze Konzentration ist auf eine Lösung fokussiert, von der man noch nicht weiß, wie sie aussehen wird. In einer solchen Spirale des Suchens war jeder schon einmal. Doch haben auch alle schon einmal erlebt, wie es sich anfühlt, wenn auf einmal, quasi aus heiterem Himmel, eine Lösung auftaucht, die das ganze Leben von einem Moment auf den anderen in ein anderes, hoffentlich besseres Licht stellt? – Derartige Impulse, - man könnte sie *intuitive Streifschüsse* nennen, - kommen nicht primär aus der personalen Gefühls- und Gedankenwelt. Sie kommen aus sehr feinstofflichen, transpersonalen, mentalen Ebenen über das Stirn-Chakra *(3. Auge)* in das bioenergetische System des Wesens und sie benötigen ein sehr hohes Maß an Ordnung, damit sie sich aus der Stille durch Harmonie initiieren können.

Die Kraft, mit der die intuitiven Fragmente in die Wahrnehmung gezogen werden, ist der konzentrierte und vor allem selbstbestimmte freie Wille zur Lösung eines Problems.
Auf einer höheren Ebene ist das Lösen eines Problems nichts anderes, als das wieder vereinen zweier scheinbarer Gegensätze, die nur als Ganzes in ihrer wahren Form erkannt werden können.
Ein Leben im Schöpfungslicht bedeutet deshalb, dass man alle Gegensätze die einem im Leben begegnen, zuerst in sich zur Vereinigung bringt, damit sie auch in der Materie Ganz und Heil werden können.

Jeder Mensch folgt dieser Ur-Bestimmung, die gleichsam auch der Weg der Seele ist. Die meisten Menschen folgen jedoch ihrer rationalen Interpretation des Lebenssinns, was sie in das Hamsterrad der Konditionierung bindet, - in die Einseitigkeit eines abgegrenzten Lebens. Die heutigen Energien erwecken nun das innere Wesen und sagen ihm, dass es da mehr gibt als nur das, was man im Spiegel sieht.

Das Bedürfnis nach einer kollektiven Verbundenheit wächst unter den Menschen; - verbinden kann sich jedoch nur, was Ganz und Heil ist. Und so kommen wir auf die fundamentalen Wirkattribute der FC14-Platte.

Es geht um die geistig-seelische Entwicklung, welche selbsterklärend die Willensausbildung des Wesens voraussetzt. Der Weg dabei ist, aus dem chaotischen Denken der Ratio auszusteigen und den inneren Bildern und Stimmungen zu folgen. Was sich so einfach anhört, ist vor allem in den höheren, unbewussten Sphären komplex miteinander verschachtelt und manche Wesen brauchen viele Menschenleben voller Ent-Täuschungen und desillusionierender Erlebnisse, bis sie in diese Sphären der Energie vordringen können, um die dort gesetzte Ursache mit der Wirkung in Einklang zu bringen.

Das energetisch *verseuchte* Umfeld ist ein weiteres Hindernis, denn nicht nur die unsichtbaren Energien schwingen gegen eine wesensgerechte Entwicklung, - die Lebensumstände selbst sind auf der Erde gegen das Leben gerichtet!

Marina hat deswegen ein sehr starkes Schutzprogramm entwickelt. Im Zentrum des Programms ist der Magic-Kanal *Goldene Pyramide*. Dieser CEM Kanal ist ein besonders starker Schutz-Kanal, der bei CEM-Schülern während ihrer Lernzeit immer mehr und mehr verstärkt wird, bis er am Ende sein volles Potenzial erreicht. Er verstärkt nicht nur die Wirkung anderer Kanäle, wie z.B. *Titan*, welcher die Radioaktivität strahlender Medien neutralisieren kann, sondern er schützt auch das Wesen, insbesondere in den Bereichen der feineren Energien. In Kombination mit den physiologischen CEM-Kanälen wirkt diese Platte sehr stark gegen Energievampire, die sich in der Materie als Parasiten, Bakterien und Viren im Wirt ausbreiten. In der Aura saugen sie die Lichtenergie ab, um Dunkelheit hervorzubringen, was allgemein mit der Degeneration von Leben einhergeht. In dieser Platte gibt es nur eine ätherische Trägerschwingung mit den Signaturen von Eiche, Badrian-Wurzel, Mariendistel und Johanniskraut.

Die wichtigsten Schlagworte sind: Beständigkeit aus der Stille des Denkens und loslassen, was gehen möchte. Öffne Deine Fenster und lasse das goldene Licht der Heilung durch Dich fließen und wirken.

Arbeiten Sie mit der FC14-Platte, wenn Sie sich aus alten Abhängigkeiten befreien wollen oder wenn Sie sich unwohl, unglücklich, klein und eingesperrt fühlen. Wenn Sie bewusst an sich arbeiten, dann tragen Sie die Platte bitte immer an sich, bis Sie das Gefühl haben, dass Sie Ihnen für den gewünschten Zweck nicht mehr dienlich ist. Zur Aktivierung der Platte gehen Sie wie folgt vor: Schließen Sie die Augen und stellen Sie sich bildlich vor, wie eine goldene Pyramide über Ihnen am strahlend blauen Himmel rechtsdrehend rotiert. Unterhalb der Pyramide breitet sich ein Strahl aus goldenem Licht aus, der sich nach unten hin immer weiter verbreitert. Beobachten Sie den Lichtstrahl, bis er Sie vollkommen umhüllt hat. Je höher die Pyramide über Ihnen schwebt, desto größer ist das Areal, das in ihr goldenes Licht eingetaucht wird. Beobachten Sie nun, wie innerhalb des goldenen Äthers alles zu goldenem Licht wird. Ein schwarzer Ast wird golden und wird dann ein formloser Teil des goldenen Äthers. Alles was sich noch unterscheidet wird Eins. Nehmen Sie in Ihre innere Vision auch andere Personen, Tiere oder Gegenstände mit, um alles Negative in göttliches Licht zur Einheit zu wandeln.

Gehen Sie Ihren selbstbestimmten Weg und machen Sie Übung mit der FC14 Platte so oft, wie Sie sich daran zu denken gestatten und beobachten Sie selbst, was passiert.

Und jedem Anfang wohnt ein Zauber inne, der uns beschützt und der uns hilft zu leben. - **Hermann Hesse**

FC15 – Werde Licht

Jeder Mensch ist im Grunde genommen Licht in einem bestimmten Dichtegrad. Der Grad der Verdichtung hängt dabei von der Zellschwingung ab, die gleichsam auch das Maß für die Bewusstheit ist. Nur wenn die Zelle in ihrer harmonischen Eigenschwingung ist, kann sie sich mit dem Lichtstrom des Universums verbinden und etwas Neues werden. In die harmonische Eigenschwingung *(Selbstregulation)* kann die Zelle jedoch nur kommen, wenn ihr *Meta-Ausdruck,* nämlich der Mensch als Summe aller Zellen, Entscheidungen aus seinem Denken und Fühlen trifft, welche der harmonischen Eigenschwingung der Zellen entsprechen.

Da die Zellen der meisten Menschen nur noch ein mikriges Reduktionpotenzial *(z.B. L-Glutathion)* von unter 50% haben und die Zellspannung weit unter Normalwert *(-70 bis -110 mV)* liegt, bedeutet das, dass man sehr aktiv werden muss, um die Zelle wieder in den Lichtstrom der Schöpfung zu integrieren. Deswegen wurden dem FC15 viele physiologische CEM Kanäle aufgelegt, welche daran arbeiten sollen, alle Mechanismen der Degenration zu stoppen und nur noch regenerative Mechanismen mit Energie versorgen. Hier ist es besonders wichtig, dass man dem Körper mit freien Elektronen versorgt, wie man dies mit *FC-H* machen muss, um in Bewegung zu kommen. Ohne Elektronen gibt es keinen Energiefluss und keine höhere Zellspannung und immer weniger Reduktionspotenzial. Nur aktivierter Wasserstoff *(H)* und seine überschüssigen Elektronen können das System der Regeneration auf fundamentaler Ebene aktivieren.

Verwenden Sie daher immer *FC-H* und *FC-OH (20 ml),* welche Sie bitte vor der Einnahme auf die FC15 Platte legen *(5 min).* Dadurch können sich die Elektronen-Spins den Feldern der FC-Platte anpassen, wodurch eine synchrone Wirkung auf der physischen und den entdichteten Ebenen entsteht. Das bedeutet optimalen Erfolg!

Wie bei allen Platten bleibt jedoch Ihr Zutun auch hier nicht aus. Es geht darum, Licht in die Zelle zu bringen. Auf Ebene der dipolaren Felder, wird die Ätherschwingung von Ginseng verwendet.

Die Ginseng Wurzel *(Ginseng Glykoside)* ist bekannt für ihre adaptogenen Wirkstoffe, die vielen Prozessen und Wirkstoffen helfen, schneller und sauberer zu arbeiten, wodurch sich eine höhere Leistung bei weniger Reibung einstellt.

Wegen der vielen CEM Kanäle, die auf Zellebene arbeiten um damit z.b. das Enzym *Telomerase (Steuerenzym der Differenzierung)* oder *Sirtuine (z.b. Sir2)* zu regulieren, welche direkt mit dem Alterungs-, oder besser gesagt, mit dem Verjüngungsprozess gekoppelt sind, zu aktivieren. Hierfür wurden die astralen Schwingungen vom Aquamarin, Rosenquarz, Tigerauge und Shungit verwendet.
Letzterer, Shungit, ist kein terrestrisches Material. Es handelt sich dabei um *strukturierten* Kohlenstoff aus dem All, der die kosmische Grundordnung des Lebens in sich trägt!

Lassen Sie Ihre Zellen im Lichte der Schöpfung erstrahlen und gehen sie selbstbestimmt und konsequent vor, wenn Sie auf einen nachhaltigen Effekt setzen. Verwenden Sie deswegen nicht nur die FC15 Platte in der Hoffnung, dass nun schon alles wird, - ganz von alleine. – So geht das nicht!

Machen Sie sich einen Diätplan *(siehe Anhang)* und bereiten Sie sich innerlich darauf vor. Arbeiten Sie bei der Erstellung Ihrer individuellen Vision der Zellerleuchtung mit der FC15-Platte, wobei Sie die inneren Bilder durch Geistesübungen wie Yoga, Thai Chi oder Meditation erzeugen. Erstellen Sie sich ein Bild von der leuchtenden Zelle und werden Sie Beobachter der Dinge, die kommen und gehen. Halten Sie nichts fest und weisen Sie auch nichts zurück.
Lassen Sie Ihr Gefühl entscheiden. Wenn Sie zu einem klaren Bild gekommen sind und den Weg zur *Zellerleuchtung* geistig vollendet haben dann handeln Sie.
Besorgen Sie sich was Sie brauchen und vergessen Sie nicht, alles mit der FC15 Platte aufzuladen, insbesondere das viele *Gute Wasser* das Ihnen hervorragend bekommen wird!

Beim Verzehr der Präparate und des geladenen Wassers sollten Sie versuchen Bilder zu erschaffen, die zeigen, wie das Licht sich nun auf allen Ebenen trifft und versuchen Sie immer zu erfühlen, wie das

Licht sich für ihr Herz anfühlt. Die Weisheit des Herzens steht Ihnen immer zu diensten, vorausgesetzt, Sie können die Kommunikation aufbauen und das lernt man besten, indem man es einfach tut. Sie können nichts falsch machen, nur lernen! Mit der FC15 Platte kann dieser Lernprozess sehr schnell gehen, da die Energien auf dieser Platte ja wollen, dass das Äußere mit dem Inneren korrespondiert. Erst wenn Sie wollen und tun, wird alles andere alleine passieren. – Auf was warten Sie noch?

FC16 – Light Worrior

Es gibt keine Menschen, die nur Dunkelheit im Herzen tragen. In jedem Menschen ist der Gottesfunke mit dem Herzen verbunden und je mehr Licht aus dem Herzen strömen kann desto höher schwingen die Zellen. Je höher die Zellen schwingen, desto feiner werden sie, bis sie mit der Feinheit des göttlichen Lichtstroms vereint sind. Das kennen Sie schon vom FC15 und so verhält es sich auch hier, nur mit dem Unterschied, dass der FC16 das innere Licht in das Außen bringt.

Es geht um die Reinheit des Herzens und um Brüderlichkeit mit der Intention, dass das was für andere getan ist, auch für einen selbst getan wurde. Wenn im Universum eine schwache Energie einer starken Energie begegnet, dann gibt die starke Energie der schwachen Energie etwas ab, damit beide Energien Ganz, nach dem Bilde des Schöpfers werden. Das ist nur sinnvoll, denn das Ganze funktioniert besser, wenn seine Teile ebenfalls Ganz und Heil sind. Die FC16 Platte fordert Sie also auf, Ihr Licht nach außen scheinen zu lassen. Umhüllen Sie sich mit ihrem Licht und beleuchten Sie alles, was sie umgibt. Je reiner Ihr Licht ist, desto weniger Schatten entstehen im Licht. Hier sind wir am Kernpunkt dieser Platte. Sie hilft Ihnen die Lichtkraft zu erhöhen und schützt sie vor allen dunklen Einflüssen, die Ihr Licht verdunkeln wollen.

Als praktisches Beispiel sollte folgender Vergleich dienen: Sie gehen auf der Strasse in der Stadt und sehen einen Bettler auf der Strasse sitzen, der um Almosen bittet. Werten Sie etwa? – Das sollten Sie aber nicht. Lassen Sie den Bettler da wo er ist und verhalten Sie sich wie eine kosmische Energie. – Schauen Sie über den Tellerrand und sagen Sie sich innerlich: Danke, Danke, Danke, dass ich ein Dach über den Kopf habe, zu Essen, schöne Kleider und Geld für alles was ich brauche, ... danke dass es mir so gut geht. Gehen Sie zu dem Bettler und geben Sie ihm etwas Geld und denken Sie dabei: Danke, dass Du mich gelehrt hast dankbar zu sein. Und zeigen Sie ihre Dankbarkeit beim Geben mit einem herzlichen Lächeln!

Sparen Sie sich eine dankbare Geste mit einer Trauermine und geben Sie von Herzen, - egal was der Empfänger damit macht!
Lachen Sie den Mann oder die Frau beim Geben an, - sein Sie nur einen Moment mit all Ihren Sinnen bei dieser kurzen Geste und beobachten Sie die Augen des Menschen, wenn Sie sagen: *Danke!*

Sie erschaffen ein Feld des Lichtes, selbstbestimmt und aus Ihrem Herzen heraus. Das Universum ist nicht knickrig und wer viel gibt, der bekommt auch wieder viel, um es neu zu verteilen. Menschen die an den göttlichen Gaben festhalten, können nicht mehr neu empfangen. Sie werden sich immer nur im Dämmerzustand des Lichtes aufhalten können! – Arme Wesen.

Um auf diesem Lichtweg der Selbstmeisterung zu wandeln, benötigt man ein besonders hohes Maß an Ordnung, welche *Marina* mit einem der stärksten CEM Kanäle herstellt. Das innere Licht wird durch die *Goldene Pyramide* entfacht und das äußere Licht von *Merkaba* kontrolliert.
Ein Divine-Kanal verbrennt alles zu göttlicher Substanz, was dem Licht als Schatten folgen möchte. All diese Kanäle haben eine sehr subtile Energiestruktur, deren Wirkung jedoch fein verästelt den Lebensweg mit dem Seelenplan synchronisiert.
Darin eingeschlossen sind alle Prozesse auf der körperlichen, psychischen und seelischen Ebene.

Wo der Einzelne seine Schwerpunkte setzen will oder muss, das muss er jedoch selbst entscheiden.

Auf jeden Fall ist es erforderlich auch ernährungsphysiologische Interventionen zu treffen, zu fasten oder mehr Bewegung in sein Leben einzulassen. Die Energien der Platte unterstützen alle Prozesse, die Sie und Ihr Umfeld lichter machen, um Licht in die Welt zu bringen. Ein mit FC16 aufgeladenes Wasser reinigt beim Versprühen die Sphären von allen Dirty Energy's, unabhängig von wo diese entstammen, wodurch ein Raum der Evolution geschaffen wird, in dem alles gedeihen kann, wie es die Schöpfung vorgesehen hat. Der FC16 ordnet alle chaotischen Verhältnisse, auf allen Ebenen Ihrer Wahrnehmung, wenn Sie eine konzentrierte Vision aus Ihrem visuellen Herzen formulieren und es in Liebe absenden. Wenn Sie diese Kommunikation fleißig trainieren, dann werden Sie bald aus sich geführt werden und es wird Ihnen keine Mühe mehr machen, Ihr Licht im Dienste der kosmischen Ordnung überall erstrahlen zu lassen.

Das wahre Licht ist das Licht, das aus dem Innern der menschlichen Seele hervorbricht, das den Anderen das Geheimnis seiner Seele offenbart und Andere glücklich macht, so dass sie singen im Namen des Geistes.
Khalil Gibran

Arbeiten mit den FC-Platten

Diese Hinweise sind nur als ein roter Leitfaden zu verstehen.
Den meisten Menschen fehlt die Phantasie, was immer ein Zeichen eines verletzten inneren Kindes ist. Nur Kinder können vorurteilslos auf eine Sache zugehen, um sie nach ihrer intuitiven Führung zu erfahren. Sie denken nicht zuerst, sondern machen einfach. Eine wunderbare Eigenschaft, die man ihnen bis zur Jugend gründlich abgewöhnt hat. Lassen Sie deshalb Ihr inneres Kind spielen mit den Platten und beobachten Sie, was mit Ihnen passiert.

Dennoch möchte ich Ihnen einige Grundregeln zur mentalen Arbeit mit den Platten nennen mit denen Sie eine maximale Wirkung in der Materie erzielen können. Betrachten Sie sich einfach als *Daten-leitung* von energetischen Impulsen, die Materie entstehen lassen. Bevor die Impulse jedoch zu Stoff werden, können Sie ihnen ihre Form geben. Dazu gehen Sie immer wie folgt vor:

Nehmen Sie eine oder auch mehrere Platten und halten Sie diese in der Hand oder befestigen Sie diese am Hosenbund hinten am Wur-zel-Chakra oder vorne am Sakral-Chakra.
Befestigen Sie die Platte(n) dort, wo Sie ein gutes Gefühl empfinden; - es gibt keine Regeln, nur Sie, Ihr Gefühl und Ihre Entscheidung!

1   Beruhigen Sie Ihren Atem *(Prana-Atmung)* und bringen Sie die Ratio zum Schweigen; - verinnerlichen Sie sich.

2   Formulieren Sie Ihren Wunsch als inneres Bild. Wenn Sie z.B. Sehprobleme haben, dann holen Sie sich ein Bild aus Ihrer Erinnerung, wo sie etwas besonders schönes gesehen haben. Lassen sie dieses Bild in aller Klarheit entstehen und fühlen Sie, wie Sie sich mit gesunden Augen fühlen.

3   Nehmen Sie dieses Gefühl mit in Ihr Herz. Wenn Ihnen hierzu die Vorstellungskraft fehlt, dann zeichnen Sie ein Bild in dem Sie ausdrücken, wie die *Herzwanderung* bei Ihnen aussieht. Arbeiten Sie mit diesem Bild, denn es ist Ihr Bild oder anders gesagt, es ist das Bild Ihrer Wahrheit und nur die zählt für Sie und Ihr Vorhaben. Wenn Sie das Gefühl in Ihr Herz bringen, dann richten Sie Ihre gesamte Aufmerk-samkeit auf Ihr Herz, - fühlen Sie wie es warm wird oder zu pochen beginnt.

4   Während Sie sich Ihres pochenden Herzens bewusst sind, erweitern Sie Ihren Fokus auf die Platte, bis diese ebenfalls zum pulsieren anfängt. Nehmen Sie nun diese Impulse und führen Sie sie zusammen, so dass aus den zwei Impulsen nun ein mächtiger Impuls wird. Begleiten Sie diesen Impuls mit Dankbarkeit und Freude. Lächeln Sie während der

gesamten Übung und verlieren Sie niemals das Gefühl, wie es sich anfühlt, gut sehen zu können und versuchen Sie den Angriffen Ihrer Ratio Stand zu halten.

Werden Sie damit größer, als Sie denken können!

Es ist wichtig, dass man bei der Nutzung der FC-Platten auch den Geist schult, weil nur dieser die feinen Energien zu steuern vermag. Die Kraft des konzentrierten Gedankens erzeugt aus dem skalaren Feld die biologisch aktiven Skalarwellen, die zur Heilung die Informationen aus der skalaren Matrix der FC-Platte aktivieren. Können Sie dies nachvollziehen? – Sie müssen aktiv an Ihrer Heilung mitwirken. Nutzen Sie also dieses Werkzeug um zu sich selbst zu kommen und um Ihr Wesen Ganz und Heil zu machen.

Leider ist die Geistschulung in unserer rationalen und ökonomisierten Gesellschaft noch in den Kinderschuhen, weswegen ich hierzu spezielle Seminare anbiete, die es den Teilnehmern ermöglichen sollen, nach ein paar Tagen Grundschulung zu Energien, diese selbstbestimmt zu regulieren. Viele Menschen haben aber schon Methoden der Geistschulungen erlernt, die sie hier nun nach ihren eigenen Vorgaben umsetzen können.

Epilog

Die *fliedernen* FC Platten mit *Cosmo Energetic* Signaturen sind in höchster Form nicht-lineare Instrumente zur Ganzwerdung der Wesenheit auf allen Ebenen. Jede Veränderung im Charakter wirkt sich auf die Gesundheit des Wesens aus, da der Charakter der Regulator der Harmonie zwischen Innen und Außen ist. Ich habe deswegen keine Angaben gemacht, welche Krankheiten man mit den FC-Platten *bekämpfen* kann.
Als Theosoph und Kybernetiker vertrete ich die Meinung, dass man nur Lebenskraft verliert, wenn man etwas zwanghaft bekämpft! – Vielmehr soll es darum gehen, dass man aus sich erkennt, dass man nicht in seiner Lebensbewegung ist, wodurch unnützer Verschleiß anfällt, der sich in der Materie in symptomatischen Erkrankungen auswirkt. Ist es da nicht sinnvoll, sich zuerst auf die Suche nach sich

selbst zu machen, damit jeder selbst erfahren kann, was ihm fehlt um Heil und Ganz zu werden? –

Ich für meinen Teil lebe nach diesem Prinzip, das mir ein harmonisches und erfülltes Leben schenkt, dessen Schönheit mir jeden Tag bewusster wird. Vor vielen Jahren habe ich angefangen, mich aus der Dunkelheit zu bewegen, - den Schmerz, die Ungerechtigkeit und vor allem die Lieb- und Herzlosigkeit habe ich zurückgelassen. Es war bestimmt nicht immer einfach, doch jede gemeisterte Situation brachte mir mehr Lebensqualität und so bildete sich in mir ein grenzenloses Vertrauen in die Schöpfung, dass auch aus der tiefsten Dunkelheit ein neuer Morgen entstehen wird.

Ich führe ein selbstbestimmtes Leben ohne Begrenzungen und treffe ich auf etwas das mir missfällt, so ändere ich es, so dass ich mich an seiner Schönheit erfreuen kann und mich nicht über die Unvollkommenheit ärgere. Für mich ist das Leben jeden Tag ein Geschenk und jeder Tag ist anders. Ich lebe im Moment und was morgen ist oder was war hat keine Bedeutung. Ein erfülltes und wesensgerechtes Leben, das aus meiner heutigen Sicht eine Mindestanforderung der Willensausbildung sein sollte, das ist es, was ich gefunden habe und wo ich jeden Moment Erfüllung finde.

Meine Intention ist es, auch Ihnen durch meine Erfahrungen zu helfen, zu einem ebenso erfüllenden und selbstbestimmten Leben zu kommen. Meine Initialzündung folgte, als ich mit meinem *Cosmo Energetic* Studium bei *Marina* begann. Über viele Jahre haben mich die Energien der Kanäle auf eine höhere Ebene der Wahrnehmung und Bewusstheit angehoben und mir geholfen, durch mich Ganz und Heil zu werden.

Vorraussetzung hierfür war, dass ich offen war für die Veränderung und dass ich lernte, alte Verstrickungen und Gedankenmuster zu erkennen um sie dadurch aufzulösen. Am Ende aller Anstrengungen erscheint der Extrakt des wahren Selbst, das nicht mehr durch die *limbische Triebnatur* gesteuert wird, sondern durch das *denkende Herz*, das sich seiner Schöpferrolle und Energie bewusst ist.

Was ich durch langes Lernen erreichen konnte, das kann man heute dank Koltsov's Forschungen und seiner Offenheit für die Integration subtiler Energiesignaturen in seine FC-Platten, wesentlich schneller erreichen.

In der Zeit als ich mich sehr intensiv mit den FC-Platten beschäftigt habe, machte ich die Erkenntnis, dass es wichtig ist den Anwendern zu lernen, wie man richtig mit den Platten umgeht, insbesondere, was die innere Wesenskultur betrifft und wie man sie nach außen bringt. Aus diesem Grund werde ich in Zusammenarbeit mit *Centr Region Deutschland* Praxis-Seminare anbieten, die dem Anwender helfen sollten, die Platten optimal für seine Heilwerdung zu nutzen. Ich habe oft über wichtige ernährungsphysiologische Zugaben geschrieben und nachdem dies meine Kernkompetenz ist, habe ich ein kurzes und knackiges Sortiment entwickelt, das auf die FC-Platten zugeschnitten wurde. Hierzu am Ende gleich noch mehr.

Die FC-Platten sind der Kern oder der Schlüssel zu den Toren der Heilung. Man muss nun lernen, mit den richtigen Schlüssel das richtige Tor zu öffnen und vor allem, - wie bewegt man sich hinter dem Tor, wo man auf *Terra incognita* trifft. Wenn Sie den Raum der Möglichkeiten betreten, dann müssen Sie wissen, wohin sie Ihr Schöpfungslicht lenken, denn das was Sie beleuchten verleiht sich in der Materie Ausdruck. Das setzt ein Ganzes und selbstbestimmtes Wesen voraus, das genau weiß, wo es sein Schöpfungslicht zum erstrahlen bringt. Folgen Sie daher dem energetischen Pfad der FC-Platten und CEM Signaturen und kommen Sie zu Hausen an, - zu Hause bei sich selbst.

*Alles steht zum besten mit dir, auch wenn schier alles zu mißlingen scheint, solange du nur mit dir selber im reinen bist. Umgekehrt stimmt nichts mit dir, selbst wenn es äußerlich gut zu gehen scheint, solange du nicht mit dir selber im reinen bist. - **Mahatma Gandhi,***

FC-NEM mit System

Die Zeit der Illusionen ist vorbei. Alles worüber die letzten Jahre im Bezug auf große Umwälzungen auf der Erde, ja im gesamten Sonnensystem gesprochen wurde, passiert JETZT, doch nur die Wenigsten können oder wollen es wahrnehmen. Wie massiv sich die Sonne verändert, das kann man auf der Web-Site *www.ajoma.de* unter <Sonne> beobachten. Beim Untergang von Atlantis wurden aus C4-Isotopen Messung etwa 130 *„Sun-Spots"* gemessen, welche Aufschluss über die Aktivität der Sonne geben. In den Jahren 2010/2011 erreichten wir mehr als 164 *„Sun-Spots"*! Seit Jahren beobachte ich die Sonne und dokumentiere ihre Aktivitäten seit Beginn des 24. Zyklus. Dieser Zyklus ist ein ganz besonderer, da die Erde, sowie die Sonne durch den Nullpunkt ihrer Bewegung gehen. Alles fängt an sich immer schneller zu verändern und so ist es für alle biologischen Systeme nun von größter Wichtigkeit, dass sie sich an die kosmischen Veränderungen anpassen. Ein über Jahrzehnte zerstörter Körper und Geist bedürfen daher nun die maximale Aufmerksamkeit und Willens-Energie, um die Chancen dieser Periode der Evolution voll nutzen zu können. Diese Arbeit tut man nicht für den sterblichen Körper, sondern für die unendliche Wesensenergie, die den Körper steuert, zu der man jedoch den Zugang verloren hat. Diesen wieder zu finden nennt man aufwachen und wer erwacht ist, wird den Wert der FC-Platten neu definieren, weil er die Gnade der hoch geordneten Energiefelder zu schätzen lernt und sie in ihrem unendlichen Ausmaß zu erkennen vermag. Dasselbe trifft auf diejenigen zu, welche sich durch ihre Krankheit entwickeln wollen. Die hohen Ordnungsfelder sind der Nährboden, auf dem Gesundheit erst möglich wird. Man selbst wird hingegen zum initialen Bewegungsmoment das aus niederem, höheres erschafft, bzw. diese Entwicklung zulässt.

Um sich den kosmisch-solaren Veränderungen anpassen zu können, muss man neben den energetischen Interventionen auch stoffliche Schritte unternehmen, um die Zelle in eine evolutionsgerechte Schwingung zu bringen. Ich möchte in diesem Buch nur kurz auf die stoffliche Basis eingehen, zu der ich ein eigenes Buch, *„Zelle gesund*

– *Mensch gesund, - ein Quantennährstoffkonzept"* aus dem ehlers Verlag, geschrieben habe und worüber Mitte 2012, ebenfalls aus dem ehlers Verlag, eine DVD veröffentlicht wird.

Diese spezielle FC-Nahrungsergänzung wurde konzipiert, um die Zelle wieder so leistungsfähig zu machen, dass sie auf die feineren Energien aus energetischen Interventionen anspricht. Die Wirkung von Energien ist von der Zellspannung abhängig, weswegen es hier weniger um physiologische, sondern vielmehr um funktionelle Attribute der Nährstoffzufuhr geht. Im Weiteren eine kurze Aufführung der FC-Nahrungsergänzung:

FC-B   Vitamin B-Komplex zur Harmonisierung der Nerven und der Biochemie im Organismus. Besonders angesprochen ist der Nerven- und Hirnstoffwechsel, was wichtig ist für die Weiterleitung und Auswertung der FC-Signaturen.

FC-C   Vitamin C-Komplex zur Widerherstellung der biochemischen Funktionsläufe, sowie alle Co-Faktoren, welche für die Aktivierung von Vitamin C erforderlich sind.

FC-N   Spurenelemente und Mineralstoffe für ein leitfähiges Elektrolyte, was für den Transport von Energie und Information von primärer Wichtigkeit ist. Zudem gibt es ausreichend Vitamin D, das den gesamten Knochenstoffwechsel steuert.

FC-Dt   Sanfte Ausleitung der Gifte, die durch die FC-Platten ausgelöst werden. So kommt es weder zu Heilkrisen, noch zu Giftstaus im Körper.

FC-H⁻   Elektronen für den Organismus, damit der Lebensenergiefluss auf ein evolutionäres Level kommt.

FC-OH⁻ Hydroxid-Ione für die intrazelluläre Säure-Basen-Regulation, damit die Zelle wieder atmen kann.

FC-OM Hydroxid-Ione mit Mumijo erhöhen die Stoffwechsel- und

Entgiftungsleistung. Zugleich bringen Sie ein hohes Maß an Lebensenergie, das nach biophysikalischen Messungen bei etwa *50.000 Bovis* liegt!

Zu allen Präparaten wurde eine modifizierte Kieselsäure gegeben, in die H⁻- Ione eingelagert sind, deren Elektronen Spin sich nach den Feldern der FC-Platten ausrichten. Damit können Sie Ihre FC-Nahrungsergänzung nun noch effizienter mit den heilsamen Energiesignaturen der FC-Platten aufladen. – Mehr braucht Gesundheit nicht. Sie müssen nur noch die Kraft der Aufmerksamkeit und des selbstbestimmten Willens mitbringen und etwas Geduld, denn das was über viele Jahre entstanden ist, das kann nicht von jetzt auf gleich weg sein.

Wenn die Menschen anfangen, ihre Existenz-Interessen gemeinsam wahrzunehmen und auch dazu zu stehen, dann entsteht global eine kausale Veränderung und die ist dringend notwendig!
Willkommen im Feld der Evolution,
Ihr Hendrik

Die schlimmsten Feinde der Freiheit, sind zufriedene Sklaven. **Marcus Aurelius**

Autoren-Portrait
Hendrik Hannes, geb. 9.10.1966 (München)

CEM LEHRER *KERNUNNOS*
raum&zeit / Buchautor / Referent / Quanten-/Energiemedizin ....
Seit vielen Jahren ist er im Einzelunterricht bei seiner Großmeisterin Marina Zaporozhets und praktiziert *COSMO ENERGETIC* zur Alltagsbewältigung und zur Vorbereitung auf die evolutionäre Anhebung. Als „kognitiv" Denker ist er an der Oberfläche vieler Wissenschaften zu Hause und verbindet auf dem Weg des Agni Yoga Menschen und Technologien miteinander. Sein ganzes Wesen ist Veränderung und so wollte er nicht nur Aufklärung betreiben, sondern auch Lösungen schaffen. Er gründet in tiefer Verbundenheit mit seiner Lehrerin Marina die erste westeuropäische *Cosmo Energetic School*. Um best mögliche Voraussetzungen für den Einstieg zu schaffen, entwickelt er mit *biophysikalischer Homöopathie, Cosmo Energetic und den Functional Correctors* ein Praxiskonzept, das den Menschen aus der psychischen und physischen Konditionierung herausholt, so dass sich Geist und Körper optimal mit der laufenden Evolution entwickeln können. Mit seinen Individualisierungs-Schulungen versucht er, einen Grundstein für ein kollektives, autarkes und selbstbestimmtes Zusammenleben zu legen.

Anhang 1 –
Dr. Reinwald metabolic-regulation

Was sind die Unterschiede zu anderen Stoffwechselprogrammen und Diäten? Aufgrund jahrelanger Erfahrung im Bereich von Gewichtsmanagement und Stoffwechselbilanzierung in der therapeutischen Praxis, sind im Dr. Reinwald's *Metabolic-Regulation* Konzept zentrale Themen systemisch integriert worden, die in vielen anderen Programmen entweder ganz vernachlässigt oder nicht ausreichend gewürdigt werden. Die Themen für das Basisprogramm sind im Einzelnen:

[1]   Entlastung des Organismus von Metaboliten des Proteinstoffwechsels bei gleichzeitiger   Verbesserung   der Proteinversorgung durch ein einzigartiges Aminosäuremuster auf der Grundlage der wegweisenden Forschungsarbeiten des *International Nutrition Research Center (INRC)* zur Proteinernährung

[2]   Regulierung des Säure-Basen-Haushalts und des Zitronensäure-Zyklus

[3]   Verbesserung der Sauerstoffversorgung der Gewebe (Bewegung/orale Ozontherapie)

[4]   Unterstützung antioxidativer Prozesse zur Verbesserung der Zellatmung

[5]   Reinigung, Regeneration und Vitalisierung des Darms und der anderen Ausscheidungswege

[6]   die gezielte Unterstützung bei der Ausschleusung von unerwünschten Stoffen, wie sie vor allem in Programmen zur Gewichtsreduktion und Stoffwechselregulierung durch die Ernährungsumstellung vermehrt entstehen.

Für Ärzte, Heilpraktiker und Zahnärzte steht das um verschiedene therapeutische Komponenten erweiterte Programm durch Dr. Reinwald zur Verfügung, der seit vielen Jahren schon ganzheitliche Therapeuten auf der Basis von Mikrostromtherapie, kombiniert mit Isopathie, u.a. Methoden erfolgreich ausbildet. Die FC-Platten geben seiner Arbeit noch zusätzliche Ordnungsenergien, wodurch sich die bisher enormen Behandlungserfolge weiter optimieren.

Eine wichtige Basis seines Konzeptes sind die Forschungsarbeiten zur Proteinernährung durch *Prof. Dr. med. Lucá-Moretti.* Die Grundlage des Stoffwechselprogramms bilden zum einen die wegweisenden Erkenntnisse zur Proteinernährung auf der Grundlage von MAP® - *Master Amino Pattern.* Hier vollzieht sich eine Neubewertung durch die Eigenintegration in das ganzheitliche Stoffwechselregulierungsprogramm, dessen zentrales Anliegen die gezielte Unterstützung der Entgiftungsarbeit des Körpers ist. Die Versorgung mit ausreichenden Proteinen durch MAP, die Versorgung mit Basen und Antioxidantien über mineralstoffreiche Supplemente, sowie die Vitalisierung der Darmfunktion sind dabei ebenso wichtig wie die Lösung, Pufferung und Ausschleusung unerwünschter Stoffe und Homotoxine.

Das vermehrte Auftreten von *Kataboliten* und unerwünschten Schadstoffen liegt im angestrebten Ab- und Umbau von Fettzellen infolge der Ernährungsumstellung begründet. Da Fettzellen vermehrt solche Stoffe speichern und entsprechend freigeben können, muss hier ein besonderes Augenmerk darauf gelegt werden, um langfristige Folgeschäden zu vermeiden. Fehl- und Mangelernährungszustände in modernen Gesellschaften sind leider nicht die Ausnahme, sondern aufgrund der überwiegend konsumierten, denaturierten Industrienahrung die Regel.

Bereits über 40% der Normalgewichtigen haben Stoffwechselstörungen. Defizite müssen daher, insbesondere im Rahmen eines gezielten Stoffwechselprogramms, planvoll durch Nahrungsergänzungen ausgeglichen werden. Eine mineral- und vitalstoffreiche ergänzende Zufuhr dient ebenso, wie eine höhere und hochwertigere Proteinzufuhr dem Ausgleich des Energie-Bilanz-Gleichgewichts und damit der Vermeidung einer zu geringen Stoffwechselrate.

Nährstoffmangel führt über einen negativen Energie-Bilanz-Zyklus nicht nur zu einer Verlangsamung des Körperstoffwechsels, sondern auch zu einer Reduzierung der Fettverbrennung und zu einer Ansammlung von Natrium und Wasser in den Geweben. Die Vitalstoff- *(Mikronährstoffe)* und die Stickstoff-Bilanz *(Makronährstoff Protein)* sind Unterbilanzen des Energie-Bilanz-Zyklus und können mit Dr. Reinwalds besonderer Methode schneller wieder ins Gleichgewicht gebracht werden, was einer gesunden und schnellen

Normalisierung des Stoffwechselgeschehens förderlich ist.
Sein Stoffwechselprogramm ist ein offenes System.
Es berücksichtigt nicht nur die biologische Individualität des
Menschen, sondern auch seine unterschiedlichen Lebenssitu-
ationen: Jugend, Erwachsensein, Alter, Schwangerschaft, Psyche,
Beruf oder Leistung. Es zeigt über die Kurphase hinaus, sowohl
Wege in der Prävention, als auch Wege zu einer nachhaltig
gesunden Lebensweise in den verschiedenen Lebensphasen auf, wie
sie auf der Grundlage moderner ernährungswissenschaftlicher
Forschungen überhaupt erst möglich sind. Dies sind insbesondere
die nachhaltige Minimierung von belastenden Faktoren, wie etwa
Stickstoffabfall aus dem Proteinstoffwechsel, die gezielte Unterstüt-
zung der Entgiftungsleistung, sowie die effiziente Reduktion Freier
Radikale. Aspekte, die alle den Aufbau, die Regeneration und die
Vitalisierung des Organismus begünstigen, was sich durch die FC-
Platten, insbesondere Nr. 1, 2 und 5 noch verstärken lässt.
Mit dem Stoffwechselprogramm und den FC-Platten, kann eine nach
modernsten quantenbiologischen Aspekten, optimierte Konzept-
lösung erreicht werden, die sich in alle wichtigen Lebenssituationen
integrieren lässt:

• Kurprogramme mit oder ohne Gewichtsreduktion, bzw. auch als
Aufbaukur zur Gewichtszunahme bei kachektischen Personen oder
anderweitig belasteten Menschen
• Basisprogramm für Vegetarier und Veganer
• Basisprogramm für Senioren und Anti-Aging
• Leistungsprogramme für Amateur- und Hochleistungssport, sowie
besondere berufliche Belastungen
• Spezielle Ernährung in der Schwangerschaft
• Ernährung als alltäglicher und präventiver Beitrag zur Gesundheit
u.v.m.

An dieser Stelle möchte ich Ihnen einen kurzen Überblick zu den
spezifischen Produkten von Dr. Reinwald geben und wie sie
verwendet werden:

MAP®
Mit der Verwendung des einzigartigen Aminosäurenmusters MAP

können Stoffwechselprogramme schneller und vor allem gesünder ablaufen, als dies bei vielen ähnlichen Programmen der Fall ist. Einmal, weil trotz eines erhöhten Proteinkonsums zusätzlich anfallende Stickstoffabbauprodukte wie Ammoniak und Harnstoff vermieden werden können. Die Entlastung der Entgiftungsorgane kann bei der Stoffwechselregulierung sehr förderlich sein. Zum anderen, weil der außergewöhnlich hohe Proteinnährwert von MAP (mit 99% Nettostickstoffnutzen der höchste weltweit) einen schnelleren Ausgleich des Stickstoff -Bilanz-Zyklus und damit den Aufbau und Erhalt gesunder Magermasse ebenfalls schneller ermöglicht.

PektiClean®
Durch die Verwendung spezieller Mikropektine aus der russischen Ernährungsforschung, können die aus den gewünschten katabolen Prozessen einer Stoffwechselregulierung gelösten Homotoxine und andere, abgelagerte, Schadstoffe, gezielt gebunden und ausgeleitet werden. *PektiClean* ist sowohl im Serum wirksam, als auch zellgängig, - es leitet in der Hauptsache über die Nieren aus, „ohne Schädigung des Nierengewebes"[12] hervorzurufen.

FC-H⁻ (New-H)
Durch die Verwendung der stärksten natürlichen Antioxidantien auf der Grundlage minus geladener Wasserstoff-Ionen, kann man nicht nur das Bio-Terrain, die Zellkommunikation, die Reduzierung Freier Radikale sowie das Recycling von anderen Radikalfängern verbessern, sondern durch die Bereitstellung von Hydrid-Ionen auch die Zellenergie und damit die Zellatmung selbst. Minus geladener Wasserstoff ist aufgrund seines Elektronenreichtums neben Sauerstoff die wichtigste Grundlage für die innere Atmung der Zelle. – Eine intakte Zelle kann auch auf biologisch aktive Heilimpulse aus den FC-Platten anspringen!

---

12 vgl. Burgersteins Handbuch der Nährstoffe, S. 563 ff

VitalBase®

Ein entscheidender Faktor bei Stoffwechselprogrammen ist die Regulierung des Säure-Basen-Haushalts. Dazu ist eine erhöhte Zufuhr mit Basensalzen und Spurenelementen erforderlich, die unsere nährstoffarme Industriekost nicht mehr in ausreichendem Maße zur Verfügung stellt. Die Basen-Mischung basiert auf organischen Salzen verdauungsneutraler Citrate, die im Gegensatz zu Salzen auf Carbonatbasis *(auch Hydrogencarbonate)*, ihre Wirkung nicht im Magen entfalten, wodurch die Verdauungskraft vor allem älterer Menschen beeinträchtigt werden kann. *VitalBase®* mit Apfelpektin verzichtet ausdrücklich auf Süßungs- und Füllmittel wie Zucker oder Zuckerersatzstoffe *(z.B. Na-Cyclamat. Aspartam,..)*.

ColoStabil®

80% unserer immunologisch aktiven Zellen sind im Darm. Deshalb kann man durch die Verwendung von darmaktiven Ballaststoff -, Samen- und Kräuterzubereitung und mit Wirkstoffen wie OPC, Polyphenole, Bioflavonoide, Anthocyane, Resveratrol, u.a. eine natürliche Funktionsverbesserung von Magen- Darm-Trakt und Ausscheidungsorganen induzieren. Schleim- und Quellstoffe können die Verdauung fördern und den gesamten Trakt reinigen. *ColoStabil* kann hoch dosiert und als Kur zur Darmsanierung aber auch zur Erhaltung derselben zur täglichen Anwendung, in normaler Dosierung eingenommen werden.

CrystalElements

Flüssigkristalle aus einen nanokolloidalem Mineralkomplex.

Da alle Stoffwechselvorgänge in wässriger Lösung ablaufen, ist es wichtig, den Ordnungsgrad und damit die Bioverfügbarkeit von Wasser zu verbessern. Dies fördert die Zellhydration sowie die Transport-, Informations- und Nährstoffbenetzungseigenschaften von Wasser und damit zugleich den Zellstoffwechsel und die Zellkommunikation. Das führt insbesondere bei der Arbeit mit den FC-Platten zu einer ganz neuen Wirkdimension, weil man dadurch einen höheren Umsatz von regenerativen Informationen und Energien innerhalb der Zelle und des Gewebes erreicht.

Im Umgang mit den FC-Platten ist es vor allem in der Anfangsphase wichtig, den Entgiftungsprozess physiologisch zu unterstützen. Spezialisten wie Dr. Reinwald haben dazu erstklassige Konzepte entwickelt, welche sich in der Praxis schon überaus erfolgreich bewährt haben, was die immense Expansion um Dr. Reinwalds Kooperations-Partner eindrucksvoll belegt.

Wenn man mit den FC-Platten zu arbeiten beginnt, dann verändert man sein Leben in eine höhere Ordnung. Diese kann sich jedoch nur in dem Maß einstellen, als dass man selbst zur höheren Ordnung wird und durch seine Entscheidungen den Prozess des körperlichen und geistigen Aufstieges selbstverantwortlich und bewusst mit gestaltet. Mit dieser Form der Therapie wird der Betroffene in das Geschehen eigenverantwortlich integriert und somit ein Teil seiner Heilung. Alles sind stets nur Hilfsmittel, die dem Menschen dabei helfen, seine Entscheidungen zum Wohle seines Wesens sowie zum Wohle der Schöpfung umzusetzen.

Dr. Heinz Reinwald

Spezialist für systemische Entgiftung und Ernährungsmedizin. Seit vielen Jahren behandelt er schwerste Krankheitsbilder mit großem Erfolg.
Um ihn bildet sich ein Therapeuten-Kreis, der wegen seiner durchschlagenden Erfolge in immer mehr Bereichen der BRD diese metabolische Harmonisierungskonzept mit großen Erfolgen praktiziert.
Sein Motto:

Mit System zur Gesundheit.

www.drreinwald.de

Anhang 2 - Leberentgiftung

Eine Leberreinigung kann nur dann erfolgreich vollzogen werden, wenn der Organismus, insbesondere der Darm und die Organe von Parasiten weitestgehend befreit wurden. Dies kann man mit dem „Blut-Zapper" n. Dr. Hulda Clark oder mit den ozonoiden Ölen nach Dr. rer. nat. Steidl machen.
Ich habe mich auf die Ölkomposits gestützt, da sie nach meinem Dafürhalten die höchste Reinigungswirkung erzielen.
Hierzu schleicht man die ozonoiden Öle in den Darm langsam ein. Am ersten Tag nimmt man morgens und abends 3 Tropfen Ölkomposit Zeta auf etwa 100 ml Wasser (mit FC-1 aufladen) und trinkt dies. Nur noch mit Ölkomposit Zeta die Zähne putzen. 3 – 7 Tropfen auf die feuchte Zahnbürste und damit etwa 3 – 5 Minuten die Zähne und das Zahnfleisch putzen. Am zweiten Tag steigert man die Menge auf 4 Tropfen. Man erhöht jeden Tag um einen Tropfen, bis man bei zwei mal 10 Tropfen angekommen ist; - beibehalten, bis die 14 Tage um sind. Nach etwa 2 Wochen Entgiftung, Säure-Basen-Regulation mit FC-H⁻ und FC-OH⁻ sowie Entschlackung (Lymph-Programm) ist die Leber soweit, um gereinigt zu werden. Bevor es an die Leber-Reinigung geht, die immer zu abnehmenden Mond (1 Tag vor Neumond optimal) vorzunehmen ist, werden einen Tag zuvor ALLE Mittel abgesetzt. Am nächsten Tag gilt es den temporären Zeitablauf, der sich an der Organ-Meridian-Uhr orientiert, strikt einzuhalten. Als zeitliche Toleranz gibt es nur +/- 5 Minuten.

Sie können **Epsom Salz Kapseln** verwenden oder Sie kaufen sich in der Apotheke Magnesiumsulfat (Bittersalz) und rühren je 14 g in etwa 100 ml warmes Wasser.

Weiterhin benötigen Sie :
125 ml Olivenöl
2 frische Grapefruits (groß) für 125 – 190 ml Frischsaft
FC-8 (zum Einschlafen – muss aber nicht sein)

Man muss gesund sein, wenn man die Leber-Reinigung macht, sollte man keinen akuten Infekt haben, oder in einer laufenden Behandlung sein.

Am Tag der Leberreinigung darf vom Aufstehen weg kein Fett mehr zugeführt werden, ebenso sind Kohlehydrate und alle Milchprodukte zu meiden. Am besten Obst, Gemüse und Cerealien. Bitte viel Wasser trinken (FC-2), jedoch alles meiden was die Leber belastet oder aktiviert. Am besten ist es wenn man an diesem Tag fastet und nur hochwertiges, stilles Wasser, sowie Basen- und Magen-Darm-Tee's trinkt.

14 Uhr:	Die erste Gabe von 14 Epsom-Salz Kapseln zu je 1000 mg (14 g), ab jetzt darf nichts mehr gegessen werden.
18 Uhr:	Die zweite Gabe von 14 Kapseln Epsom-Salz. Ausgiebig auf die Toilette gehen und viel trinken. Um 21.30 - 21.50 Uhr noch einmal ausgiebig auf die Toilette gehen und bettfertig machen. Alles für den „Liver-Shake" vorbereiten. Das Öl muss in einen Shaker gegeben werden. Dann wird der Grapefruitsaft gepresst, die groben Fruchtstückchen herausgenommen. Alles muss ganz frisch sein (auf FC-2 stellen).
22 Uhr:	Gehen Sie mit ihrem Shake ans Bett. Der Shake muss gut geschüttelt werden, so dass er durch und durch trüb ist. Punkt 22 Uhr trinken Sie den Shake und legen Sie sich sofort hin, - auf den Rücken – und bewegen Sie sich nicht mehr. Versuchen Sie so ein- und durchzuschlafen. Jede Bewegung sollte die nächsten Stunden vermieden werden, wodurch der Ausscheidungserfolg sich vergrößert.
Am morgen	Auch wenn es schwer fällt, gleich als erstes am Morgen die letzte Gabe von 14 Epsom-Kapseln einnehmen, - mit reichlich warmen Wasser trinken und ab auf die Toilette. Taschenlampe nicht vergessen, wenn Sie die Vielfalt der Steine sehen wollen.

Die Cholesterinhaltigen Kristalle, die sich um abgestorbene Leberparasiten angesammelt haben, schwimmen an der Oberfläche. Wenn man mit der Taschenlampe darauf leuchtet, sieht man die „Früchte" der Mühen.

Die Steine können noch mehrmals am Tage abgehen, - der Durchfall stellt sich in ein bis zwei Tagen vollkommen ein und der Stuhl wird wieder fest. Gönnen Sie sich und Ihrem Körper an diesem Tage Ruhe und Schonkost und fangen Sie zuerst an, ihn wieder zu remineralisieren *(FC-M)*. Durch den Durchfall sind viele Mineralien und Spurenelemente *(Elektrolyte)* abgegangen, die nun wieder nachgereicht werden müssen. Die Leber hat nun die Chance sich wieder zu regenerieren, die Gallensäfte fließen wieder und so sollte man den Prozess mit hochwertigen Nährstoffen und Lebensmitteln unterstützen. Weil die Leber-Reinigung ein immunologischer Kräfteakt war, ist man meist an den Tagen danach eher anfällig für Infekte. Zur Stärkung der Immunabwehr rate ich während dieser 2 – 3 Tage zu Colostral-Extrakt Kapseln 3 x 3 – 4 oder Liquid 3 x 30 ml. Mit ViaRubin *(veganes präbiotisches Compilat)* kann man die Magen-Darm-Flora aufbauen und man schenkt dem Körper einen Extra-Schub Licht-Energie aus Wildkräutern. Wichtig sind die ersten Tage und 1 – 2 Wochen.

Am 2. oder 3. Tag wird man einen unwahrscheinlichen Energieschub bemerken. Achten Sie bewusst auf die Veränderungen. Z.B.: Beobachten Sie Ihren Stuhl, - welche Farbe hat er – wie viel Papier benötigt man beim Säubern – wie ist die Konsistenz, - wie riecht er. Achten Sie auf Ihren Geschmack. Er ist die ersten Tage nach der Reinigung sehr sensibel. Folgen Sie ihm dorthin wo er Sie hinführt und machen Sie sich auf, für Neues. Die sinnvollste und billigste Reinigung ist die, durch Meidung. Wer zum ersten Mal eine Leberreinigung gemacht hat der sollte diese 6 Monate später wiederholen, weil sich nach dem Abgang der ersten „Charge", nun die Steine aus dem hinteren Bereich der Leber und Galle nach vorne verteilen. Bevor sie sich allzu sehr zu verdichten beginnen, sollte man mit einer zweiten Reinigung vollenden, was begonnen wurde.

Die Leberreinigung ist überaus wichtig, da sie das Hauptentgiftungsorgan unseres Organismus ist. Nur mit einer funktionalen Leber kann der Körper auch die Prozesse der energetischen Entgiftung vornehmen. Bedenken Sie, dass die Parasiten und Nebenprodukte des Stoffwechsels, die sich in den Gallengängen der Leber verdichten auch Informationen enthalten. Diese Informationen gehen bei allen Produkten des Stoffwechsels (Leber) in den Organismus über und regen damit bestimmte neuronale Verknüpfungen an, welche mit einem zurückliegenden Ereignis verbunden sind.

Insbesondere bei traumatischen Ereignissen ist dies von offenkundiger Brisanz, da das Trauma nicht gehen kann, solange seine Signale die neuronalen Verknüpfungen stimulieren. Viele Menschen haben noch nie eine Leberentgiftung gemacht und tragen somit die Gifte und Informationen aller zurückliegenden Ereignisse von Jahrzehnten in sich. Nach so langer Zeit haben diese Mechanismen angefangen, sich selbst im System zu organisieren, - nahezu unmerklich. Spürbar wird dies, wenn man sich entscheidet, die Leber zu reinigen. So lange der Zeitpunkt noch weiter ferne liegt, spielt der Körper noch mit. Doch wenn es an den letzten Tag geht, und man alle Vorbereitungen für die Leberentgiftung trifft, dann kommen die inneren Stimmen, welche gute Gründe vermitteln, die Leberentgiftung noch aufzuschieben. Oder man schmiert sich ein vor *Transfetten* nur so triefendes Nutella-Brot und stellt nach dem Verzehr fest: „*Oh je , ich darf doch gar keine Fette zu mir nehmen....*"
Das nächste Mal pass ich aber auf.......

Klar, - auch die Arbeit kann stressen und der Ausflug mit den Kindern macht es unmöglich, und, und, und.
Ich habe schon viele Ausreden gehört und manch einer macht die Entgiftung bei Vollmond, anstatt bei Neumond. Die Tücke der *Dämonen*, die wir in Form von informierten Toxinen in uns tragen, hat viele Gesichter. So ist die Leberentgiftung eine gute Übung für Konsequenz und Selbstdisziplin. Machen Sie sich immer bewusst, dass es etwas ganz harmloses und ungefährliches ist, seine Leber auf diese Weise zu entgiften; - die täglich erneute Vergiftung der Leber dürfte da wohl etwas gefährlicher sein?! Ich kann Ihnen nur

raten, diesen Prozess bewusst zu erleben. Nicht nur die Verführung lockt, sondern auch die Erinnerung an alte Gerüche oder längst vergessene Ereignisse kommen, um sich zu verabschieden. Es ist ein bewusstseinsfördernder Prozess, bei dem sich die Tore der inneren Wahrnehmung auftun können, jedoch nur für denjenigen, der danach sucht.

Des Menschen Wille, das ist sein Glück!
Friedrich von Schiller

Bücher von Hendrik Hannes

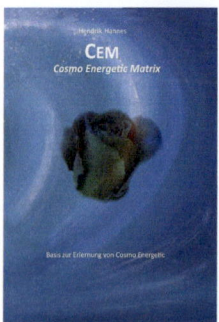

Cosmo Energetic Matrix

Ein einziartiges Buch, das über eine ganz besondere Form der Mentalsteuerung berichtet, die etwa vor 900 Jahren in einem buddhistischen Tempel in Indien wieder belebt wurde. Mit CEM lernt man Energie zu sehen und zu steuern. Viele Wissenschaftler haben sich der CEM Medien schon bedient, - so auch Sergej Koltsov, der Entwickler der *Functional State Correctors* welche seit August 2011, zusätzlich mit CEM Energien aufgeladen werden um dadurch ihre Wirkung zu potenzieren.

Erschienen im BoD Verlag, 2011.
Autor: Hendrik Hannes
IBN: 9783842354333,   191 Seiten

Gutes Wasser - Aktiver Wasserstoff & Co.

Ein unterhaltsamer und informativer Kurzüberblick über die gängigen Wasseraufbereitungs-Systeme. Der Schwerpunkt liegt jedoch auf Verwirbelungen des Wassers, worduch sich strukturell die höchsten Ordnungsgrade erzeugen lassen. Gutes Wasser ist wichtig für die physiologische aber auch geistige Gesundheit und Leistunsgkraft.

Erschienen im BoD Verlag, 2007.
Autor: Hendrik Hannes
IBN: 978-3-8334-8247-2,   132 Seiten

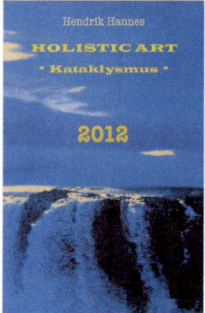

Holistic Art - Kataklysmus 2012

Ein Streifzug durch die kosmischen und gesellschaft-lichen Ereignisse, die sich immer mehr zu erkennen geben. Es geht nicht um Panik-Mache, sondern um das Erkennen. An vielen Dingen kann man nichts ändern, doch sollte man die Möglichkeiten nutzen, Dinge zu ändern, die möglich sind. Mit ausführlichen Texten zum System der gesellschaftlichen Konditionierung, Nährstoff-Prohibition, sowie die Freisetzung von Nano-Parasiten, u.v.m. Eine Rückbesinnung auf die katastrophistische Natur menschlichen Seins.

Erschienen im BoD Verlag, 2009.
Autor: Hendrik Hannes
IBN: 978-3-8391-5468-7,   252 Seiten

Neuerscheinung

Wege zur Gesundheit

Ein einzigartiges Werk mit besonderen Nahrungsergänzungen zur Arbeit an der Gesundheit. Mit einfachen Worten wird der Leser nicht nur in ganz besondere Nährstoff-Innovationen eingeführt, auch die Zusammenhänge von Energie und Stoff werden hier einfach und leicht verständlich vermittelt.

Besonderheit in diesem Buch:
Interview mit dem Ernährungswissenschaftler Firedrich Reuss zum Stand der Nährstoffgüte in einer Zeit der schleichenden Nährstoff-Prohibition. Brisant - einzigartig!

Erschienen im BoD Verlag, 2012, 175 Seiten
Autor: Hendrik Hannes.

ISBN: 978-3-844808599

Erhältlich In allen Buchhandlungen oder bei amazon.de.

Bücher von Hendrik Hannes

Kosmisches Bewusstsein - Basiswissen
zur Erlernung mentaler Heilsysteme.
Lernen, wie man sich selbst und seine Umgebung mit
der Kraft des Geistes heilt. Der Autor zeigt den Weg, und
nicht die Erfolge am Ende des Weges. Wer den Weg
kennt, der kann auch sein eigenes Heilsystem entwickeln.
Alles ist im Wesen angelegt, man muss nur wissen, wie
man es aktiviert.
Einen Weg hierzu will das Buch beleuchten.

Erschienen im BoD Verlag, 2010.
Autor: Hendrik Hannes
IBN: 9783839180105,   132 Seiten

Cosmo Energetic - 21 Übungen
Dieses Buch lebt! - Es ist das erste *Cosmo Energetic*
Buch, das Bilder mit lebenden CEM-Signaturen
enthält. Diese sollen den Übenden helfen, bei den
Übungen maximale Erfolge zu erzielen. Die Übungen
sind eine wichtige Voraussetzung für die Erstellung
eigener Heilsphären, sowie zum Aufbau von kosmischen Bewusstsein. Mit mehr als 24 CEM Bildern

Erschienen im BoD Verlag, 2010.
Autor: Hendrik Hannes
IBN: 9783842326118,   156 Seiten

Zelle gesund - Mensch gesund
Das erste kybernetische Nährstoffkonzept, das auf
einer holistischen Sichtweise basiert und auch
Quanten-Nährstoffe einbezieht. Der Autor errichtet
einen klaren Weg, der vom Körper durch den Quanten-
Raum führt um eindrucksvolle Brücken des Verständ-
nisses zur Gesundheit zu bauen. Ein Quanten-Nährstoff-
konzept, welches die 4-polige Basis der Selbstregulation
harmonisiert. Eine neue Ära der Energie- und Quanten-
medizin hat begonnen!

Erschienen im ehlers Verlag, 2009
Autor: Hendrik Hannes.
ISBN: 978-3934196-81-0. 193 Seiten.

Partnerverzeichnis

naturwissen GmbH & Co KG

Geltinger Str. 14e 82515 Wolfratshausen
Tel.: 08171/4187-60
Fax: 08171/4187-66
Email: info@natur-wissen.com
Web.: www.natur-wissen.com

Neue Nahrungsergänzung – Neue Homöopathie – Shop – Seminare ...

Wekroma Foundation
Forschung & Entwicklung
Postfach 470 – Aeulestrasse 5
FL – 9490 Vaduz
Web: www.wekroma.li

Strukturiertes Wasser – Biodynamische Systemforschung, - Internationale Grundlagenforschung.

Wekroma Bioenergetische Produkte Vertriebs GmbH
Postfach 13 25 - 83203 Prien
Telefon: 08051 - 91046
Fax: 08051 - 91047
Web: www.wekroma.li

Vertrieb von Werner Kropps bioener- getischen Produkten, Endkunden, WVK, GH.

AtlasPROfilax Academy Switzerland®
René C. Schümperli
Route de Sion 71 Case Postale
62 CH-3960 Sierre
Deutschland, Nederland:
Tel. +49 (0) 699 637 4983

Hannes Pharma GmbH

St.Veit Str. 63a 81673 München
Tel.:   08375-9211382
Fax.   08375-9211386
WEB: www.hannespharma.de
Email: hannespharma@gmx.de

Lohnherstellung – Vertrieb von NEM Endkunden bis WVK und GH, ...

NaTopSan Ltd.

Neuestr.38 - 76297 Stutensee
Telefon: 07244-559745
Fax: 07244-740448
Email: info@natopsan.com
Web: www.natopsan.de

Vertrieb hochwertiger NEM an Endverbraucher, WVK und GH.

dr. reinwald healthcare gmbh + co kg
Kunden- und Therapeutenbetreuung
Kerstin Reinwald
Am Baumgarten 6, 90602 Seligenporten
Tel.: 09180 900 24
Fax: 09180 900 25
Email: mail@drreinwald.de
Web.: www.drreinwald.de

AtlasPROfilax BRD
Werhart Hilwig
Wittumstr. 12 – 76707 Hambrücken
Tel.: 07255/3971594
Email: whilwig@arcor.de

Ulrike Seiler
Fasanenweg 1 – 82061 Neuried
Tel. 089 75408890
Email: u.seiler@atlasprofilax.de